计算机应用数学基础

主　编　王　莹　罗大伟　尹江艳
副主编　郭宝宇　王丽丽　刘志宝
　　　　任路平　信　众

U0240199

重庆大学出版社

内容提要

本书共分为 4 章,内容包括函数极限、导数与微分、不定积分、定积分、线性代数、离散数学、数学实验.每章后配有适量的习题,以供教师和学生选用.本书在内容编排上力求做到深入浅出,通俗易懂,直观精练,注重技能,突出实用性、应用性和工具性的特点.

本书可作为高职高专院校计算机类专业高等数学课程的教材或教学参考书.

图书在版编目(CIP)数据

计算机应用数学基础/王莹,罗大伟,尹江艳主编
. -- 重庆:重庆大学出版社,2019.9(2021.9 重印)
高职高专计算机系列教材
ISBN 978-7-5689-1693-6

Ⅰ.①计⋯　Ⅱ.①王⋯　②罗⋯　③尹⋯　Ⅲ.①电子计
算机—应用数学—高等职业教育—教材　Ⅳ.①TP301.6

中国版本图书馆 CIP 数据核字(2019)第 164367 号

计算机应用数学基础

主　编　王　莹　罗大伟　尹江艳
副主编　郭宝宇　王丽丽　刘志宝
　　　　任路平　信　众
策划编辑:周　立
责任编辑:陈　力　曹家辉　　版式设计:周　立
责任校对:王　倩　　　　　　责任印制:张　策

*

重庆大学出版社出版发行
出版人:饶帮华
社址:重庆市沙坪坝区大学城西路 21 号
邮编:401331
电话:(023)88617190　88617185(中小学)
传真:(023)88617186　88617166
网址:http://www.cqup.com.cn
邮箱:fxk@ cqup.com.cn(营销中心)
全国新华书店经销
重庆市正前方彩色印刷有限公司印刷

*

开本:787mm×1092mm　1/16　印张:9.25　字数:231 千
2019 年 9 月第 1 版　　2021 年 9 月第 2 次印刷
印数:3 001—5 000
ISBN 978-7-5689-1693-6　定价:39.00 元

前 言

　　随着高职高专教育教学改革的不断深入发展,高等职业院校的教材改革也势在必行。为了适应新的职业教育人才培养的要求,提升高等职业技术人才的综合职业能力和职业素养,力求学生在有限的时间里掌握必备的基础理论知识、具体运算方法以及解决实际问题的应用能力,本着公共基础课为专业课服务的原则,教材编委会成员通过深入细致的调查研究以及多年来对计算机数学基础的教学经验,编写了这本《计算机数学基础》。

　　本教材以教育部制定的《高职高专教育高等数学课程教学基本要求》及《高职高专教育专业人才培养目标及规划》为依据,以“应用”为目的,“必需、够用”为度的原则,既考虑到人才培养的应用性,又使学生具有一定的可持续发展能力。本书可供高职高专计算机类使用。

　　全书共分为 4 章。内容包括第 1 章基本初等函数知识;第 2 章微积分;第 3 章线性代数;第 4 章离散数学。本书每章后配有习题,书后附有习题答案,教师可根据本校的实际特点及情况进行选择。建议学时数为 60～68 学时。具体学时分配如下:

章　　节	学时分配	机　动
第一章　基本初等函数知识	4	2
第二章　微积分	20	2
第三章　线性代数	20	2
第四章　离散数学	16	2
总学时	68 学时	

　　本书的分工情况是:王莹、罗大伟、尹江艳编写第 3 章和第 4 章,参与编写了第 1 章和第 2 章并对全书进行了统稿;王丽丽、郭宝宇、刘志宝编写第 2 章,参与编写了第 1 章和第 4 章并参与了统稿;任路平、信众编写第 1 章。全书的整体架构和主要内容由全体作者反复商量后拟定。

本书由王莹、罗大伟、尹江艳老师担任主编，郭宝宇、王丽丽、刘志宝、任路平、信众老师担任副主编，参加编写的还有李靓、杨斌、张丹等几位老师，在此表示衷心的感谢！

本教材在编写过程中参阅了许多教材和资料，在此对相关人员表示衷心的感谢！由于编者水平有限，书中难免有疏漏之处，所以希望各位专家、同行和读者批评指正，使得本书能够在实践中不断得以完善。

编　者

2019 年 1 月

目 录

第 1 章

基本初等函数知识

1.1　函数的概念与性质

1.1.1　函数的概念

定义 1　设 A、B 是两个非空的数集,如果按照某种对应法则 f,对于集合 A 中任何一个数 x,在集合 B 中都有唯一确定的数 $f(x)$ 和它对应,那么这样的对应(包括集合 A,B 以及 A 到 B 的对应法则 f)称为集合 A 到 B 的一个函数,记作 $f:A{\rightarrow}B$.

函数的三要素:定义域、值域和对应法则.

只有定义域相同,且对应法则也相同的两个函数才是同一函数.

求函数的定义域时,一般遵循以下原则:

①$f(x)$ 是整式时,定义域是全体实数.

②$f(x)$ 是分式函数时,定义域是使分母不为 0 的一切实数.

③$f(x)$ 是偶次根式时,定义域是使被开方式子为非负值时的实数的集合.

④对数函数的真数大于 0,当对数或指数函数的底数中含变量时,底数须大于 0 且不等于 1.

⑤$y = \tan x$ 中,$x \neq k\pi + \dfrac{\pi}{2}, k \in Z$

⑥零(负)指数幂的底数不能为 0.

1.1.2　单调性与最大(小)值

(1)函数的单调性

定义及判定方法见表 1.1.

表 1.1

函数的性质	定　义	图　像	判定方法
函数的单调性	如果对于属于定义域 I 内某个区间上的任意两个自变量的值 x_1、x_2，当 $x_1 < x_2$ 时，都有 $f(x_1) < f(x_2)$，那么就说 $f(x)$ 在这个区间上是**增函数**.	图 1.1　递增函数图像	（1）利用定义 （2）利用已知函数的单调性 （3）利用函数图像（在某个区间图像上升为增） （4）利用复合函数
	如果对于属于定义域 I 内某个区间上的任意两个自变量的值 x_1、x_2，当 $x_1 < x_2$ 时，都有 $f(x_1) > f(x_2)$，那么就说 $f(x)$ 在这个区间上是**减函数**.	图 1.2　递减函数图像	（1）利用定义 （2）利用已知函数的单调性 （3）利用函数图像（在某个区间图像下降为减） （4）利用复合函数

（2）最大（小）值定义

一般地，设函数 $y = f(x)$ 的定义域为 I，如果存在实数 M 满足：①对于任意的 $x \in I$，都有 $f(x) \leqslant M$；②存在 $x_0 \in I$，使得 $f(x_0) = M$. 那么，我们称 M 是函数 $f(x)$ 的最大值，记作 $f_{\max}(x) = M$.

一般地，设函数 $y = f(x)$ 的定义域为 I，如果存在实数 M 满足：①对于任意的 $x \in I$，都有 $f(x) \geqslant M$；②存在 $x_0 \in I$，使得 $f(x_0) = M$. 那么，我们称 M 是函数 $f(x)$ 的最小值，记作 $f_{\min}(x) = M$.

1.1.3　函数的奇偶性

①定义及判定方法见表 1.2.

表 1.2

函数的性质	定　义	图　像	判定方法
函数的奇偶性	如果对于函数 $f(x)$ 定义域内任意一个 x，都有 $f(-x) = -f(x)$，那么函数 $f(x)$ 称为奇函数.	图 1.3　奇函数图像	（1）利用定义（要先判断定义域是否关于原点对称） （2）利用图像（图像关于原点对称）
	如果对于函数 $f(x)$ 定义域内任意一个 x，都有 $f(-x) = f(x)$，那么函数 $f(x)$ 称为偶函数.	图 1.4　偶函数图像	（1）利用定义（要先判断定义域是否关于原点对称） （2）利用图像（图像关于 y 轴对称）

②函数 $f(x)$ 为奇函数,且在 $x=0$ 处有定义,则 $f(0)=0$.

③奇函数在 y 轴两侧相对称的区间增减性相同,偶函数在 y 轴两侧相对称的区间增减性相反.偶函数关于 y(即 $x=0$)轴对称,偶函数有关系式 $f(-x)=f(x)$.奇函数关于 $(0,0)$ 对称,奇函数有关系式 $f(-x)=-f(x)$.

1.1.4 函数周期性

周期性:对于函数 $y=f(x)$,如果存在一个不为 0 的常数 T,使得当 x 取定义域内的每一个值时,都有 $f(x+T)=f(x)$ 都成立,那么就把函数 $y=f(x)$ 称为周期函数,不为 0 的常数 T 称为这个函数的周期.如果所有的周期中存在着一个最小的正数,就把这个最小的正数称为最小正周期.

1.2 基本初等函数

1.2.1 常值函数

常值函数(也称常数函数): $y=C$(其中 C 为常数).

表 1.3

常数函数($y=C$)	
$C\neq 0$	$C=0$
图 1.5 常值函数图像 1	图 1.6 常值函数图像 2
平行于 x 轴的直线	x 轴本身
定义域 R	定义域 R

1.2.2 幂函数

幂函数 $y=x^{\alpha}$, x 是自变量, α 是常数.

1)常规幂函数的图像:

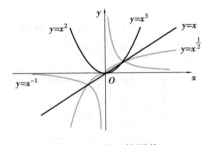

图 1.7 幂函数图像

2）幂函数的性质：

表1.4

函数性质	$y=x$	$y=x^2$	$y=x^3$	$y=x^{\frac{1}{2}}$	$y=x^{-1}$
定义域	R	R	R	$[0,+\infty)$	$\{x\mid x\neq 0\}$
值域	R	$[0,+\infty)$	R	$[0,+\infty)$	$\{y\mid y\neq 0\}$
奇偶性	奇	偶	奇	非奇非偶	奇
单调性	增	$[0,+\infty)$增 $(-\infty,0]$减	增	增	$(0,+\infty)$减 $(-\infty,0)$减
公共点	(1,1)				

①当 α 为正整数时,函数的定义域为区间为 $x\in(-\infty,+\infty)$,它们的图形都经过原点,当 $\alpha>1$ 时在原点处与 x 轴相切.且 α 为奇数时,图形关于原点对称;α 为偶数时图形关于 y 轴对称.

②当 α 为负整数时.函数的定义域为除去 $x=0$ 的所有实数.

③当 α 为正有理数 $\frac{m}{n}$ 时,n 为偶数时函数的定义域为 $(0,+\infty)$,n 为奇数时函数的定义域为 $(-\infty,+\infty)$,函数的图形均经过原点和 $(1,1)$.

④如果 $m>n$ 图形与 x 轴相切,如果 $m<n$,图形与 y 轴相切,且 m 为偶数时,还与 y 轴对称;m,n 均为奇数时,与原点对称.

⑤当 α 为负有理数时,n 为偶数时,函数的定义域为大于零的一切实数;n 为奇数时,定义域为去除 $x=0$ 以外的一切实数.

1.2.3 指数函数

指数函数：$y=a^x$（x 是自变量,a 是常数且 $a>0$,$a\neq 1$）,定义域是 R.

1）指数函数的图像：

图1.8 指数函数图像1 　　　　图1.9 指数函数图像2

2）指数函数的性质：

表1.5

函数性质	$y=a^x(a>1)$	$y=a^x(0<a<1)$
定义域	R	
值域	$(0,+\infty)$	

续表

函 数 性 质	$y = a^x (a > 1)$	$y = a^x (0 < a < 1)$
奇偶性	非奇非偶	
公共点	过点$(0,1)$,即$x=0$时,$y=1$	
单调性	在$(-\infty,+\infty)$是增函数	在$(-\infty,+\infty)$是减函数

①当$a>1$时函数为单调增,当$0<a<1$时函数为单调减;

②不论x为何值,y总是正的,图形在x轴上方;

③当$x=0$时,$y=1$,所以它的图形通过$(0,1)$点.

3)(选,补充)指数函数值的大小比较$a \in \mathbf{N}^*$:

a. 底数互为倒数的两个指数函数.

$f(x)=a^x$,$f(x)=\left(\dfrac{1}{a}\right)^x$的函数图像关于$y$轴对称.

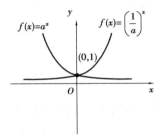

图 1.10 底数互为倒数的两个指数函数图像

b.1. 当$a>1$时,a值越大,$y=a^x$的图像越靠近y轴.

图 1.11 当$a>1$时的图像

b.2. 当$0<a<1$时,a值越大,$y=a^x$的图像越远离y轴.

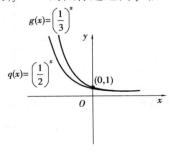

图 1.12 当$0<a<1$时的图像

4)指数的运算法则(公式):

①整数指数幂的运算性质($a \geqslant 0, m, n \in Q$).

a. $a^m \cdot a^n = a^{m+n}$

b. $a^m \div a^n = a^{m-n}$

c. $(a^m)^n = a^{mn} = (a^n)^m$

d. $(ab)^n = a^n b^n$

②根式的性质.

a. $(\sqrt[n]{a})^n = a$;

b. 当 n 为奇数时, $\sqrt[n]{a^n} = a$;

当 n 为偶数时, $\sqrt[n]{a^n} = |a| = \begin{cases} a & (a \geqslant 0) \\ -a & (a < 0) \end{cases}$.

③分数指数幂.

a. $a^{\frac{m}{n}} = \sqrt[n]{a^m}$ ($a > 0, m, n \in Z^*, n > 1$)

b. $a^{-\frac{m}{n}} = \dfrac{1}{a^{\frac{m}{n}}} = \dfrac{1}{\sqrt[n]{a^m}}$ ($a > 0, m, n \in Z^*, n > 1$)

1.2.4 对数函数

对数函数:$y = \log_a x$(a 是常数且 $a > 0, a \neq 1$),定义域 $x \in (0, +\infty)$.

1)对数的概念.

如果 a($a > 0, a \neq 1$)的 b 次幂等于 N,就是 $a^b = N$,那么数 b 称为以 a 为底 N 的对数,记作 $\log_a N = b$,其中 a 称为对数的底数,N 称为真数,式子 $\log_a N$ 称为对数式.

对数函数 $y = \log_a x$ 与指数函数 $y = a^x$ 互为反函数,所以 $y = \log_a x$ 的图像与 $y = a^x$ 的图像关于直线 $y = x$ 对称.

2)常用对数:$\log_{10} N$ 的对数称为常用对数,为了简便,N 的常用对数记作 $\lg N$.

3)自然对数:使用以无理数 $e = 2.718\ 2$ 为底的对数称为自然对数,为了简便,N 的自然对数 $\log_e N$ 简记作 $\ln N$.

4)对数函数的图像:

图 1.13 对数函数的图像 1　　　　　　图 1.14 对数函数的图像 2

5)对数函数的性质.

表1.6

性　质＼函　数	$y = \log_a x$ （$a > 1$）	$y = \log_a x$ （$0 < a < 1$）
定义域	\multicolumn{2}{c}{$(0, +\infty)$}	
值域	\multicolumn{2}{c}{R}	
奇偶性	\multicolumn{2}{c}{非奇非偶}	
公共点	\multicolumn{2}{c}{过点$(1,0)$，即$x = 1$时，$y = 0$}	
单调性	在$(0, +\infty)$上是增函数	在$(0, +\infty)$上是减函数

①对数函数的图形位于 y 轴的右方，并过点$(1,0)$；

②当 $a > 1$ 时，在区间$(0,1)$，y 的值为负，图形位于 x 的下方；在区间$(1, +\infty)$，y 值为正，图形位于 x 轴上方，在定义域内是单调增函数. $0 < a < 1$ 在实际中很少用到.

6)（选，补充）对数函数值的大小比较 $a \in \mathbf{N}^*$：

a. 底数互为倒数的两个对数函数

$y = \log_a x$，$y = \log_{\frac{1}{a}} x$ 的函数图像关于 x 轴对称.

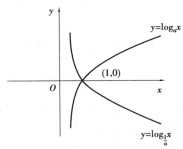

图1.15　底数互为倒数的两个对数函数图像

b.1. 当 $a > 1$ 时，a 值越大，$f(x) = \log_a x$ 的图像越靠近 x 轴；

图1.16　当 $a > 1$ 时的图像

b.2. 当$(0 < a < 1)$时，a 值越大，$f(x) = \log_a x$ 的图像越远离 x 轴.

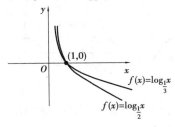

图1.17　当 $0 < a < 1$ 时的图像

7）对数的运算法则（公式）：

①如果 $a>0$，$a\neq 1$，$M>0$，$N>0$，那么：

$$\log_a(MN)=\log_aM+\log_aN$$

$$\log_a\frac{M}{N}=\log_aM-\log_aN$$

$$\log_aM^n=n\log_aM$$

②对数恒等式：

$$a^{\log_aN}=N(a>0\ \text{且}\ a\neq 1,N>0)$$

③换底公式：

a. $\log_bN=\dfrac{\log_aN}{\log_ab}$（$a>0$，$a\neq 1$，一般常常换为以 e 或 10 为底数的对数，即 $\log_bN=\dfrac{\ln N}{\ln b}$ 或

$\log_bN=\dfrac{\lg N}{\lg b}$）

b. 由公式和运算性质推倒的结论：

$$\log_{a^m}b^n=\frac{n}{m}\log_ab$$

④对数运算性质：

a. 1 的对数是零，即 $\log_a1=0$；同理 $\ln 1=0$ 或 $\lg 1=0$.

b. 底数的对数等于 1，即 $\log_aa=1$；同理 $\ln e=1$ 或 $\lg 10=1$.

1.2.5　三角函数

1）正弦函数 $y=\sin x$，定义域 $x\in(-\infty,+\infty)$，值域 $y\in[-1,+1]$

图像：五点作图法：$(0,0)$，$(\frac{\pi}{2},1)$，$(\pi,0)$，$(\frac{3}{2}\pi,-1)$，$(2\pi,0)$.

图 1.18　正弦函数图像的图像

2）余弦函数 $y=\cos x$，定义域 $x\in(-\infty,+\infty)$，值域 $y\in[-1,+1]$

图像：五点作图法，$(0,1)$，$(\frac{\pi}{2},0)$，$(\pi,-1)$，$(\frac{3}{2}\pi,0)$，$(2\pi,1)$.

图 1.19　余弦函数图像的图像

3）正、余弦函数的性质：

表 1.7

函数 性质	$y = \sin x$	$y = \cos x$
定义域	R	
值域	$[-1,1]$	$[-1,1]$
奇偶性	奇函数	偶函数
周期性	$T = 2\pi$	$T = 2\pi$
对称中心	$(k\pi,0)$	$\left(k\pi + \dfrac{\pi}{2},0\right)$
对称轴	$x = k\pi + \dfrac{\pi}{2}$	$x = k\pi$
单调性	在 $x \in \left[2k\pi - \dfrac{\pi}{2}, 2k\pi + \dfrac{\pi}{2}\right]$ 上是增函数 在 $x \in \left[2k\pi + \dfrac{\pi}{2}, 2k\pi + \dfrac{3\pi}{2}\right]$ 上是减函数	在 $x \in [2k\pi - \pi, 2k\pi]$ 上是增函数 在 $x \in [2k\pi, 2k\pi + \pi]$ 上是减函数
最值	$x = 2k\pi + \dfrac{\pi}{2}$ 时，$y_{\max} = 1$ $x = 2k\pi - \dfrac{\pi}{2}$ 时，$y_{\min} = -1$	$x = 2k\pi$ 时，$y_{\max} = 1$ $x = 2k\pi + \pi$ 时，$y_{\min} = -1$

4）正切函数 $y = \tan x$，定义域 $\left\{x \mid x \neq k\pi + \dfrac{\pi}{2}, (k \in \mathbf{Z})\right\}$，值域 $y \in (-\infty, +\infty)$.

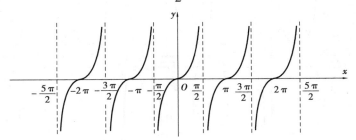

图 1.20　$y = \tan x$ 的图像

5）余切函数 $y = \cot x$，定义域 $\{x \mid x \neq k\pi, (k \in \mathbf{Z})\}$，$y \in (-\infty, +\infty)$.

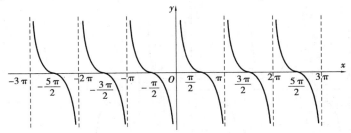

图 1.21　$y = \cot x$ 的图像

6)正、余切函数的性质：

表1.8

函数\\性质	$y = \tan x$	$y = \cot x$
定义域	$x \neq k\pi + \dfrac{\pi}{2}$	$x \neq k\pi$
值域	R	R
奇偶性	奇函数	奇函数
周期性	$T = \pi$	$T = \pi$
单调性	在$\left(-\dfrac{\pi}{2}+k\pi,\dfrac{\pi}{2}+k\pi\right)$上都是增函数	在$\left[k\pi,(k+1)\pi\right]$上都是减函数
对称中心	$\left(\dfrac{k\pi}{2},0\right)$	$\left(\dfrac{k\pi}{2},0\right)$
零点	$(k\pi,0)$	$\left(k\pi+\dfrac{\pi}{2},0\right)$

7)正割函数：$y = \sec x$，定义域$\left\{x \mid x \neq k\pi + \dfrac{\pi}{2},(k \in \mathbf{Z})\right\}$，值域$|\sec x| \geqslant 1$.

图1.22　$y = \sec x$ 的图像

8)余割函数：$y = \csc x = \dfrac{1}{\sin x}$，定义域$\left\{x \mid x \neq k\pi,(k \in \mathbf{Z})\right\}$，值域$|\csc x| \geqslant 1$.

图1.23　$y = \csc x$ 的图像

9)正、余割函数的性质：

表 1.9

函数\性质	$y = \sec x$	$y = \csc x$
定义域	$\left\{x \mid x \neq \dfrac{\pi}{2} + k\pi\right\}$	$\{x \mid x \neq k\pi\}$
值域	$(-\infty, -1] \cup [1, +\infty)$	$(-\infty, -1] \cup [1, +\infty)$
奇偶性	偶函数	奇函数
周期性	$T = 2\pi$	$T = 2\pi$
单调性	$\left(2k\pi - \dfrac{\pi}{2}, 2k\pi\right) \cup \left(2k\pi + \pi, 2k\pi + \dfrac{3\pi}{2}\right)$ 减 $\left(2k\pi, 2k\pi + \dfrac{\pi}{2}\right) \cup \left(2k\pi + \dfrac{\pi}{2}, 2k\pi + \pi\right)$ 增	$\left(2k\pi, 2k\pi + \dfrac{\pi}{2}\right) \cup \left(2k\pi + \dfrac{3\pi}{2}, 2k\pi + 2\pi\right)$ 减 $\left(2k\pi + \dfrac{\pi}{2}, 2k\pi + \pi\right) \cup \left(2k\pi + \pi, 2k\pi + \dfrac{3\pi}{2}\right)$ 增
对称中心	$\left(k\pi + \dfrac{\pi}{2}, 0\right)$	$(k\pi, 0)$
对称轴	$x = k\pi$	$x = \dfrac{\pi}{2} + k\pi$
渐近线	$x = \dfrac{\pi}{2} + k\pi$	$x = k\pi$

1.2.6 反三角函数

1)反正弦函数：$y = \arcsin x$，定义域$[-1, 1]$，值域$\left[-\dfrac{\pi}{2}, \dfrac{\pi}{2}\right]$.

反正弦函数的概念：正弦函数 $y = \sin x$ 在区间$\left[-\dfrac{\pi}{2}, \dfrac{\pi}{2}\right]$上的反函数称为反正弦函数，记为 $y = \arcsin x$.

2)反余弦弦函数：$y = \arccos x$，定义域$[-1, 1]$，值域$[0, \pi]$.

反余弦函数的概念：余弦函数 $y = \cos x$ 在区间$[0, \pi]$上的反函数称为反余弦函数，记为 $y = \arccos x$.

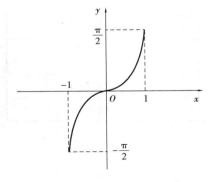

图 1.24 $y = \arcsin x$ 的图像

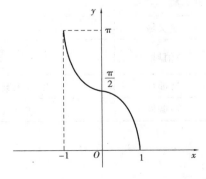

图 1.25 $y = \arccos x$ 的图像

11

3）反正、余弦函数的性质：

表 1.10

性质\\函数	$y = \arcsin x$	$y = \arccos x$
定义域	$[-1,1]$	$[-1,1]$
值域	$\left[-\dfrac{\pi}{2}, \dfrac{\pi}{2}\right]$	$[0,\pi]$
奇偶性	奇函数	非奇非偶函数
单调性	增函数	减函数

4）反正切函数 $y = \arctan x$，有界函数，定义域 $x \in (-\infty, +\infty)$，值域 $\left(-\dfrac{\pi}{2}, \dfrac{\pi}{2}\right)$．

反正切函数的概念：正切函数 $y = \tan x$ 在区间 $\left(-\dfrac{\pi}{2}, \dfrac{\pi}{2}\right)$ 上的反函数称为反正切函数，记为 $y = \arctan x$．

5）反余切函数 $y = \text{arccot } x$，有界函数，定义域 $x \in (-\infty, +\infty)$，值域 $(0, \pi)$．

反余切函数的概念：余切函数 $y = \cot x$ 在区间 $(0, \pi)$ 上的反函数称为反余切函数，记为 $y = \text{arccot } x$．

图 1.26　$y = \arctan x$ 的图像

图 1.27　$y = \text{arccot } x$ 的图像

6）反正、余弦函数的性质：

表 1.11

性质\\函数	$y = \arctan x$	$y = \text{arccot } x$
定义域	R	
值域	$\left(-\dfrac{\pi}{2}, \dfrac{\pi}{2}\right)$	$(0,\pi)$
奇偶性	奇函数	非奇非偶
单调性	增函数	减函数

第 **2** 章
微积分

微积分学对变量的研究为我们提供了与以往不同的思维方式. 它的数学思想被广泛地应用于自然科学的各个领域,已经成为学习计算机科学和理工类专业课程不可缺少的理论基础.

2.1 极 限

学习任务

知识目标:1. 理解函数的概念;

            2. 掌握 6 种基本初等函数及性质;

            3. 理解复合函数概念;

            4. 理解函数极限的概念;

            5. 掌握无穷的概念及性质;

            6. 掌握极限的运算.

能力目标:1. 能掌握基本初等函数的性质及其图形;

            2. 能建立简单实际问题中的函数关系式;

            3. 能理解极限的概念;

            4. 掌握无穷小的概念及性质;

            5. 能掌握极限的运算.

学习重点:函数概念、性质;基本初等函数的性质及其图形;复合函数概念;函数极限的概念;无穷小的概念及性质;极限的运算.

学习难点:复合函数概念;无穷小的概念及性质;极限的运算.

微积分学研究的对象是函数,研究的方法是极限,也就是说用极限的方法来研究函数. 现将微积分中涉及的函数基本知识做个回顾和总结.

2.1.1 函 数

所谓函数就是变量之间的依赖关系. 我们在中学已经学过的基本初等函数有 6 种,包括常

13

数函数、幂函数、指数函数、对数函数、三角函数和反三角函数. 为了今后学习和查阅方便,现将基本初等函数介绍如下:

常数函数　$y = c$　$x \in (-\infty, +\infty)$.

幂函数　$y = x^\alpha$(α 为任意实数),α 不同,定义域不同.

指数函数　$y = a^x$($a \neq 1, a > 0$),$x \in (-\infty, +\infty)$.

对数函数　$y = \log_a x$($a \neq 1, a > 0$),$x \in (0, +\infty)$.

三角函数　$y = \sin x, y = \cos x, y = \tan x, y = \cot x, y = \sec x, y = \csc x$.

反三角函数　$y = \arcsin x, y = \arccos x, y = \arctan x, y = \operatorname{arccot} x$.

在实际问题中,有时两个变量之间的联系是通过另外变量来实现的. 例如,出租车的车费 y 是里程 s 的函数,里程 s 又是时间 t 的函数,因此车费 y 也是时间 t 的函数. 这种将一个函数代入另一个函数的运算称为复合运算.

定义 1　如果 y 是 u 的函数 $y = f(u)$,而 u 又是 x 的函数 $u = \varphi(x)$,通过 u 将 y 表示为 x 的函数,即

$$y = f[\varphi(x)]$$

则 y 就称为 x 的复合函数,其中 u 为中间变量.

值得注意的是并不是任意两个函数都能构成复合函数,如 $y = \arcsin u$ 和 $u = x^2 + 2$ 就无法复合,因为 $u = x^2 + 2$ 的值域不在 $y = \arcsin u$ 的定义域内. 另外,复合函数的中间变量可以不止一个,如 $y = \sin^2 2x$ 是由 $y = u^2, u = \sin v, v = 2x$ 复合而成. 复合函数分解的原则是:每一个简单函数必须是基本初等函数或有理数 $\dfrac{P(x)}{Q(x)}$,这样便于在微积分运算中利用简单函数公式来研究复杂函数.

例 1　指出下列复合函数的复合过程:

①$y = \sqrt{x^2 + 2}$　②$y = \sin^2 x$　③$y = 3^{\tan 2x}$

解　①$y = \sqrt{x^2 + 2}$ 是由 $y = u^{\frac{1}{2}}, u = x^2 + 2$ 复合而成.

②$y = \sin^2 x$ 是由 $y = u^2, u = \sin x$ 复合而成.

③$y = 3^{\tan 2x}$ 是由 $y = 3^u, u = \tan v, v = 2x$ 复合而成.

由基本初等函数经有限次四则运算和复合过程并用一个式子表示的函数,称为初等函数. 微积分学中讨论的函数绝大多数为初等函数.

2.1.2　函数的极限

函数的极限与自变量的变化趋势有密切关系,我们主要研究自变量的绝对值趋于无穷大($x \to \infty$)和自变量趋于常数($x \to x_0$)时函数的极限.

(1)当 $x \to \infty$ 时函数 $f(x)$ 的极限

函数极限中 $x \to \infty$ 的含义是:取正值无限增大(记 $x \to +\infty$),同时取负值绝对值无限增大(记 $x \to -\infty$)为描述这种变化. 给出 $x \to \infty$ 时函数极限的定义.

定义 2　如果当 $x \to +\infty$(或 $x \to -\infty$)时,函数 $f(x)$ 无限地接近一个确定常数 A,则常数 A 称为函数 $f(x)$ 当 $x \to +\infty$(或 $x \to -\infty$)时的极限,记作

$$\lim_{x \to +\infty} f(x) = A (\text{或} \lim_{x \to -\infty} f(x) = A)$$

例如 $\lim\limits_{x\to +\infty}\dfrac{1}{x}=0$ 及 $\lim\limits_{x\to -\infty}\dfrac{1}{x}=0$，所以有 $\lim\limits_{x\to \infty}\dfrac{1}{x}=0$．又如 $\lim\limits_{x\to +\infty}\arctan x=\dfrac{\pi}{2}$，而 $\lim\limits_{x\to -\infty}\arctan x=$

$-\dfrac{\pi}{2}$，由于当 $x\to +\infty$ 与 $x\to -\infty$ 时，函数 $y=\arctan x$ 不趋于同一确定的常数，所以 $\lim\limits_{x\to \infty}\arctan x$

不存在．可以证明

$$\lim\limits_{x\to \infty}f(x)=A\Leftrightarrow \lim\limits_{x\to +\infty}f(x)=A \text{ 且 } \lim\limits_{x\to -\infty}f(x)=A$$

（2）当 $x\to x_0$ 时函数 $f(x)$ 的极限

在数轴上，x 趋于 x_0 的形式有两种，一种是 x 从小于 x_0 的方向趋于 x_0，记 $x\to x_0^-$；另一种是 x 从大于 x_0 的方向趋于 x_0，记 $x\to x_0^+$．

定义 3　如果当 $x\to x_0^-$（或 $x\to x_0^+$）时，函数无限趋近于某一确定常数 A，则常数 A 称为函数 $f(x)$ 当 $x\to x_0^-$（或 $x\to x_0^+$）时的左极限或右极限，记作

$$\lim\limits_{x\to x_0^-}f(x)=A\text{（或 }\lim\limits_{x\to x_0^+}f(x)=A\text{）}$$

可以证明

$$\lim\limits_{x\to x_0}f(x)=A\Leftrightarrow \lim\limits_{x\to x_0^-}f(x)=A \text{ 且 } \lim\limits_{x\to x_0^+}f(x)=A$$

例 2　讨论在 $x=0$ 处，$\lim\limits_{x\to 0}f(x)$ 是否存在

① $f(x)=\begin{cases}2-x & x\neq 0 \\ 0 & x=0\end{cases}$　　② $f(x)=\dfrac{|x|}{x}$

解　① $x\to 0$ 时，$x\neq 0$，求极限时，要用 $x\neq 0$ 的表达式，即

$$\lim\limits_{x\to 0}f(x)=\lim\limits_{x\to 0}(2-x)=2$$

②在 $x=0$ 的左、右两侧，$f(x)$ 的表达式不同

$$\lim\limits_{x\to 0^-}f(x)=\lim\limits_{x\to 0^-}\dfrac{-x}{x}=-1$$

$$\lim\limits_{x\to 0^+}f(x)=\lim\limits_{x\to 0^+}\dfrac{x}{x}=1$$

由于 $\lim\limits_{x\to 0^-}f(x)\neq \lim\limits_{x\to 0^+}f(x)$，故 $\lim\limits_{x\to 0}f(x)$ 不存在．

（3）无穷小

在极限运算中，经常会遇到以 0 为极限的变量，通常称为无穷小量．下面讨论无穷小、函数与函数极限之间的关系．

定义 4　如果函数 $f(x)$ 当 $x\to x_0$（或 $x\to \infty$）时的极限为零，那么称函数 $f(x)$ 为当 $x\to x_0$（或 $x\to \infty$）时的无穷小．

说一个函数是无穷小必须指出其自变量的变化过程．如函数 $x-1$ 是 $x\to 1$ 时的无穷小，而当 x 趋向其他数值时 $x-1$ 就不是无穷小．

因为 $\lim\limits_{\substack{x\to x_0 \\ (x\to \infty)}}0=0$，0 可以看成是无穷小．

无穷小的性质

性质 1　有限个无穷小的代数和为无穷小．

性质 2　有限个无穷小的乘积为无穷小．

性质 3　有界函数与无穷小的乘积为无穷小．

例 3 证明 $\lim\limits_{x\to 0} x\sin\dfrac{1}{x}=0$.

证明 因为当 $x\to 0$ 时, x 是无穷小, 而 $|\sin\dfrac{1}{x}|\le 1$ 有界. 根据性质 3,

$$\lim\limits_{x\to 0} x\sin\dfrac{1}{x}=0.$$

由函数的极限与无穷小的定义, 可知无穷小与函数间有如下关系:

$$\lim\limits_{\substack{x\to x_0 \\ (x\to\infty)}} f(x)=A \Leftrightarrow f(x)=A+\alpha(x).$$

其中 $\alpha(x)$ 是当 $x\to x_0$ (或 $x\to\infty$) 时的无穷小.

2.1.3 极限运算

从变量的变化趋势观察极限只能解决简单函数的极限问题, 对于比较复杂函数的极限, 则需要运算法则和结合题目特点来计算. 为叙述方便在下面定理中 "lim" 下面省略了自变量的变化过程 $x\to x_0$ 或 $x\to\infty$ 的标记.

定理 1 设 $\lim f(x)=A, \lim g(x)=B$ 则

①$\lim[f(x)\pm g(x)]=\lim f(x)\pm\lim g(x)=A\pm B$

②$\lim[f(x)\cdot g(x)]=\lim f(x)\cdot\lim g(x)=A\cdot B$

特别地 $\qquad\qquad \lim cf(x)=c\lim f(x)=cA \quad$ (c 为常数)

③$\lim\dfrac{f(x)}{g(x)}=\dfrac{\lim f(x)}{\lim g(x)}=\dfrac{A}{B} \quad$ ($B\ne 0$)

定理中关于和、差及乘积的极限运算法则, 可以推广到有限个函数的情形.

例 4 求 $\lim\limits_{x\to 1}\dfrac{2x^3+1}{x^2-x+2}$.

解 $\lim\limits_{x\to 1}\dfrac{2x^3+1}{x^2-x+2}=\dfrac{\lim\limits_{x\to 1}(2x^3+1)}{\lim\limits_{x\to 1}(x^2-x+2)}=\dfrac{2\times 1^3+1}{1^2-1+2}=\dfrac{3}{2}.$

一般地, 对于有理函数 $f(x)=\dfrac{P(x)}{Q(x)}$, 只要 $Q(x_0)\ne 0$ 就有

$$\lim\limits_{x\to x_0} f(x)=\dfrac{\lim\limits_{x\to x_0} P(x)}{\lim\limits_{x\to x_0} Q(x)}=\dfrac{P(x_0)}{Q(x_0)}=f(x_0).$$

例 5 求 $\lim\limits_{x\to 3}\dfrac{x-3}{x^2-9}$.

解 分母 $\lim\limits_{x\to 3} x^2-9=0$, 不能直接利用法则去求极限, 但可以先约分消去零因子再求极限,

$$\lim\limits_{x\to 3}\dfrac{x-3}{x^2-9}=\lim\limits_{x\to 3}\dfrac{x-3}{(x-3)(x+3)}=\lim\limits_{x\to 3}\dfrac{1}{x+3}=\dfrac{1}{6}$$

例 6 求 $\lim\limits_{x\to 0}\dfrac{\sqrt{1+x}-1}{x}$.

解 当 $x\to 0$ 时, 分母极限为零, 且不能消去零因子. 若对原函数作适当变形 (分子有理化), 则有

$$\lim_{x \to 0} \frac{\sqrt{1+x}-1}{x} = \lim_{x \to 0} \frac{(\sqrt{1+x}-1)(\sqrt{1+x}+1)}{x(\sqrt{1+x}+1)} = \lim_{x \to 0} \frac{1+x-1}{x(\sqrt{1+x}+1)}$$

$$= \lim_{x \to 0} \frac{1}{\sqrt{1+x}+1} = \frac{1}{2}$$

例 7　求下列极限

①$\lim\limits_{x \to \infty} \dfrac{2x^3-x+1}{x^3+2x^2-3}$　　②$\lim\limits_{x \to \infty} \dfrac{x^2-1}{x^3+2x}$　　③$\lim\limits_{x \to \infty} \dfrac{2x^2+1}{x-2}$

解　显然当 $x \to \infty$ 时,分子、分母均为无穷大,不符合极限运算法则的条件. 此类极限的解法应对分子、分母同除以分母最高次幂,然后再求极限.

①$\lim\limits_{x \to \infty} \dfrac{2x^3-x+1}{x^3+2x^2-3} = \lim\limits_{x \to \infty} \dfrac{2-\dfrac{1}{x^2}+\dfrac{1}{x^3}}{1+\dfrac{2}{x}-\dfrac{3}{x^3}} = \dfrac{2}{1} = 2$

②$\lim\limits_{x \to \infty} \dfrac{x^2-1}{x^3+2x} = \lim\limits_{x \to \infty} \dfrac{\dfrac{1}{x}-\dfrac{1}{x^3}}{1+\dfrac{2}{x^2}} = 0$

③$\lim\limits_{x \to \infty} \dfrac{2x^2+1}{x-2} = \lim\limits_{x \to \infty} \dfrac{2x+\dfrac{1}{x}}{1-\dfrac{2}{x}} = \infty$

对于 $x \to \infty$ 的有理函数的极限求法,有如下规律:

设 $a_0 \neq 0, b_0 \neq 0, m, n \in N$ 则

$$\lim_{x \to \infty} \frac{a_0 x^m + a_1 x^{m-1} + \cdots + a_m}{b_0 x^n + b_1 x^{n-1} + \cdots + b_n} = \begin{cases} \dfrac{a_0}{b_0} & m = n \\ 0 & m < n \\ \infty & m > n \end{cases}$$

以上各例可以看出,在计算函数极限时,首先应判断它的类型,对于满足极限运算法则的,可直接计算. 对不满足法则条件的,常需要对函数做适当的恒等变形,使之具有应用运算法则的条件. 有时也可以利用函数无穷小的性质计算.

2.2　导　数　与　微　分

导数与微分是研究变化率和增量问题中产生的数学概念,它是微分学的主要内容.

学习任务

知识目标:1. 理解导数的概念;

　　　　　2. 掌握基本初等函数的导数公式;

　　　　　3. 掌握导数的四则运算法则和复合函数的求导公式;

　　　　　4. 掌握高阶导数的求法;

5. 理解微分的概念,导数与微分之间的关系;

6. 掌握微分基本运算公式.

能力目标:1. 能掌握按导数定义及基本初等函数导数公式求导数的方法和函数的可导性的判定方法;

2. 能运用导数的几何意义讨论函数的切线和法线问题;

3. 能运用导数的四则运算法则求导数;

4. 能掌握复合函数、隐函数和对数函数的求导方法;

5. 能掌握高阶导数的求法;

6. 能运用微分的概念和微分的四则运算法则进行微分问题的讨论.

学习重点:导数的概念;基本初等函数导数公式;导数的几何意义;导数的四则运算法则;复合函数、隐函数求导法;高阶导数的求法;导数和微分之间的关系.

学习难点:导数的概念;微分的概念.

2.2.1 导数概念

先考察两个实际问题:

例 1 求曲线切线的斜率 曲线 $y = f(x)$ 在点 $M(x_0, y_0)$ 处的切线是指过点 M 的一条割线 MN,当点 N 沿曲线趋近 M 时的极限位置,如图 2.1 所示.

设曲线上点 $N(x_0 + \Delta x, y_0 + \Delta y)$,则 $MP = \Delta x, NP = \Delta y$,割线 MT 的斜率为

$$\tan \varphi = \frac{\Delta y}{\Delta x} = \frac{f(x_0 + \Delta x) - f(x_0)}{\Delta x}$$

当点 N 沿曲线趋于 M 时,$\Delta x \rightarrow 0$,$\varphi \rightarrow \alpha$,割线 MN 趋于切线 MT,所以曲线在点 M 处的切线斜率为:

图 2.1

$$k = \tan \alpha = \lim_{\varphi \rightarrow \alpha} \tan \varphi = \lim_{\Delta x \rightarrow 0} \frac{\Delta y}{\Delta x} = \lim_{\Delta x \rightarrow 0} \frac{f(x_0 + \Delta x) - f(x_0)}{\Delta x}$$

例 2 求瞬时速度 设物体作变速直线运动,其运动方程为 $s = s(t)$,求 $t = t_0$ 时刻的瞬时速度 v.

物体作匀速运动可按公式 $v = \dfrac{s}{t}$ 计算.下面考虑变速运动的情形:

当时间从时刻 t_0 变到 $t_0 + \Delta t$ 时,物体经过的路程 $\Delta s = s(t_0 + \Delta t) - s(t_0)$,这段时间内的平均速度为:

$$\bar{v} = \frac{\Delta s}{\Delta t} = \frac{s(t_0 + \Delta t) - s(t_0)}{\Delta t}$$

当 Δt 越小时,这个平均速度就越接近时刻 t_0 的瞬时速度. 当 $\Delta t \rightarrow 0$ 时平均速度 $\bar{v}$ 的极限值就是该点的瞬时速度,即:

$$v = \lim_{\Delta t \rightarrow 0} \frac{\Delta s}{\Delta t} = \lim_{\Delta t \rightarrow 0} \frac{s(t_0 + \Delta t) - s(t_0)}{\Delta t}$$

以上两个例子的实际意义不同,但抽象的数量关系都归结为函数增量与自变量增量之比当自变量增量趋于零时的极限,这个极限就称为函数的导数.

定义 1　设函数 $y = f(x)$ 在点 x_0 的某邻域内有定义,当自变量 x 在 x_0 处有增量 Δx 时,函数有增量 $\Delta y = f(x_0 + \Delta x) - f(x_0)$. 若

$$\lim_{\Delta x \to 0} \frac{\Delta y}{\Delta x} = \lim_{\Delta x \to 0} \frac{f(x_0 + \Delta x) - f(x_0)}{\Delta x}$$

存在,则称此极限值为函数 $y = f(x)$ 在 x_0 处的导数,记为

$$f'(x_0), \quad y' \big|_{x = x_0}, \quad \frac{\mathrm{d}y}{\mathrm{d}x} \bigg|_{x = x_0}$$

这时,也称 $y = f(x)$ 在 x_0 处可导.

令 $x = x_0 + \Delta x$,此公式也可以表示为

$$f'(x_0) = \lim_{x \to x_0} \frac{f(x) - f(x_0)}{x - x_0}$$

可以看出,在给定函数 $y = f(x)$ 后,其导数 $f'(x_0)$ 仅与点 x_0 有关. 如果 $y = f(x)$ 在 (a, b) 内任意点 x 都可导,则称 $f(x)$ 于 (a, b) 内可导,此时 $f'(x)$ 也是 x 的函数,称为函数 $y = f(x)$ 的导函数,导函数也简称为导数,记作

$$y', \quad f'(x), \quad \frac{\mathrm{d}y}{\mathrm{d}x}$$

显然,$f(x)$ 在点 x_0 处的导数 $f'(x_0)$ 即为导函数 $f'(x)$ 在点 x_0 处的函数值.

由导数的几何意义可知,切线斜率 k 就是曲线方程 $y = f(x)$ 在切点 x_0 处的导数 $k = f'(x_0)$,曲线 $y = f(x)$ 在点 (x_0, y_0) 处切线方程为

$$y - y_0 = f'(x_0)(x - x_0).$$

过点 (x_0, y_0) 与切线垂直的直线为曲线 $y = f(x)$ 在 (x_0, y_0) 的法线,其方程为

$$y - y_0 = -\frac{1}{f'(x_0)}(x - x_0).$$

由导数的物理意义可知,物体运动的瞬时速度 v 就是运动方程 $s = s(t)$ 在时刻 t_0 处的导数 $v = s'(t_0)$.

2.2.2　导数的运算

(1)求导公式与法则

根据导数定义 $f'(x) = \lim_{\Delta x \to 0} \frac{\Delta y}{\Delta x}$,可以求出基本初等函数的导数和导数的四则运算法则,为了便于查阅,现在把这些导数公式和法则归纳如下:

基本初等函数的导数公式

① $(c)' = 0$　　　　　　　　　② $(x^\alpha)' = \alpha x^{\alpha-1}$

③ $(a^x)' = a^x \ln a$　　　　　　④ $(\mathrm{e}^x)' = \mathrm{e}^x$

⑤ $(\log_a x)' = \dfrac{1}{x \ln a}$　　　　　⑥ $(\ln x)' = \dfrac{1}{x}$

⑦ $(\sin x)' = \cos x$　　　　　　⑧ $(\cos x)' = -\sin x$

⑨ $(\tan x)' = \sec^2 x$　　　　　⑩ $(\cot x)' = -\csc^2 x$

⑪$(\sec x)' = \sec x \tan x$ 　　⑫$(\csc x)' = - \csc x \cot x$

⑬$(\arcsin x)' = \dfrac{1}{\sqrt{1 - x^2}}$ 　　⑭$(\arccos x)' = - \dfrac{1}{\sqrt{1 - x^2}}$

⑮$(\arctan x)' = \dfrac{1}{1 + x^2}$ 　　⑯$(\operatorname{arccot} x)' = - \dfrac{1}{1 + x^2}$

求导法则

设 $u = u(x), v = v(x)$ 都可导,则

①$(u \pm v)' = u' \pm v'$ 　　②$(u \cdot v)' = u'v + uv'$

③$(cu)' = cu', (c$ 为常数$)$ 　　④$\left(\dfrac{u}{v} \right)' = \dfrac{u'v - uv'}{v^2}, (v \neq 0)$

⑤$\left(\dfrac{1}{v} \right)' = - \dfrac{v'}{v^2}$

例3 利用导数定义求$(1) f(x) = c (c$ 为常数$), (2) f(x) = \sin x$ 的导数.

解 ①$f'(x) = \lim\limits_{\Delta x \to 0} \dfrac{\Delta y}{\Delta x} = \lim\limits_{\Delta x \to 0} \dfrac{f(x + \Delta x) - f(x)}{\Delta x} = \lim\limits_{\Delta x \to 0} \dfrac{c - c}{\Delta x} = 0$

即 $(c)' = 0.$

②$f'(x) = \lim\limits_{\Delta x \to 0} \dfrac{\Delta y}{\Delta x} = \lim\limits_{\Delta x \to 0} \dfrac{f(x + \Delta x) - f(x)}{\Delta x} = \lim\limits_{\Delta x \to 0} \dfrac{\sin(x + \Delta x) - \sin x}{\Delta x}$

$= \lim\limits_{\Delta x \to 0} \dfrac{2 \cos\left(x + \dfrac{\Delta x}{2} \right) \sin \dfrac{\Delta x}{2}}{\Delta x} = \lim\limits_{\Delta x \to 0} \cos\left(x + \dfrac{\Delta x}{2} \right) \cdot \dfrac{\sin \dfrac{\Delta x}{2}}{\dfrac{\Delta x}{2}}$

$= \cos x$

即 $(\sin x)' = \cos x.$

例4 设 $f(x) = x^3 + 4 \cos x - \sin \dfrac{\pi}{2}$,求 $f'(x)$ 及 $f'\left(\dfrac{\pi}{2} \right)$.

解 $f'(x) = (x^3)' + (4 \cos x)' - \left(\sin \dfrac{\pi}{2} \right)' = 3x^2 - 4 \sin x$

$$f'\left(\dfrac{\pi}{2} \right) = \dfrac{3}{4} \pi^2 - 4.$$

例5 设 $y = (1 - x^2) \ln x$,求 y'.

解 $y' = (1 - x^2)' \ln x + (1 - x^2)(\ln x)' = -2x \ln x + (1 - x^2) \dfrac{1}{x} = -2x \ln x + \dfrac{1}{x} - x.$

例6 设 $y = \tan x$,求 y'.

解 $y' = (\tan x)' = \left(\dfrac{\sin x}{\cos x} \right)' = \dfrac{(\sin x)' \cos x - \sin x (\cos x)'}{\cos^2 x} = \dfrac{\cos^2 x + \sin^2 x}{\cos^2 x}$

$= \dfrac{1}{\cos^2 x} = \sec^2 x$

即 $(\tan x)' = \sec^2 x.$

例7 求等边双曲线 $y = \dfrac{1}{x}$ 在点 $\left(\dfrac{1}{2}, 2 \right)$ 处的切线方程和法线方程.

解　根据导数的几何意义,所求切线的斜率为:

$$k_1 = y'\Big|_{x=\frac{1}{2}} = -\frac{1}{x^2}\Big|_{x=\frac{1}{2}} = -4$$

因此,所求切线方程为

$$y - 2 = -4\left(x - \frac{1}{2}\right)$$

即

$$4x + y - 4 = 0$$

所求法线斜率

$$k_2 = -\frac{1}{k_1} = \frac{1}{4}$$

法线方程为

$$y - 2 = \frac{1}{4}\left(x - \frac{1}{2}\right)$$

即

$$2x - 8y + 15 = 0$$

（2）复合函数的求导法则

定理1　设函数 $u = \varphi(x)$ 在点 x 处可导,函数 $y = f(u)$ 在对应点 u 处可导,则复合函数 $y = f[\varphi(x)]$ 在点 x 处也可导,且

$$\frac{dy}{dx} = \frac{dy}{du} \cdot \frac{du}{dx} \quad 或 \quad y'_x = y'_u \cdot u'_x$$

上述定理也可以推广到多重复合函数的情况. 例如 $y = f(u)$,$u = \varphi(v)$,$v = \psi(x)$,则复合函数 $y = f\{\varphi[\psi(x)]\}$ 对 x 的导数有下面的公式:

$$\frac{dy}{dx} = \frac{dy}{du} \cdot \frac{du}{dv} \cdot \frac{dv}{dx} \quad 或 \quad y'_x = y'_u \cdot u'_v \cdot v'_x$$

例8　求下列复合函数的导数 y'_x.

① $y = (2x + 5)^9$　　② $y = \ln \tan x$　　③ $y = \cos^2 2x$

解　①设 $y = u^9$,$u = 2x + 5$,则

$$y'_x = y'_u \cdot u'_x = 9u^8 \cdot 2 = 18(2x + 5)^8$$

②设 $y = \ln u$,$u = \tan x$,则

$$y'_x = y'_u \cdot u'_x = \frac{1}{u} \cdot \sec^2 x = \frac{\cos x}{\sin x} \cdot \frac{1}{\cos^2 x} = \frac{1}{\sin x \cdot \cos x}$$

③设 $y = u^2$,$u = \cos v$,$v = 2x$ 则

$$y'_x = y'_u \cdot u'_v \cdot v'_x = 2u \cdot (-\sin v) \cdot 2 = -4 \cos 2x \cdot \sin 2x = -2 \sin 4x$$

从上例可以看出,求复合函数的导数时重要的是会将复合函数分解成基本初等函数或有理函数,这样就可以利用导数公式和导数四则运算法则,然后用复合函数求导法则逐层求之. 熟练之后,中间变量可以不写出来.

例9　设 $y = e^{\sin\frac{1}{x}}$,求 $\frac{dy}{dx}$.

解　$\dfrac{dy}{dx} = \left(e^{\sin\frac{1}{x}}\right)' = e^{\sin\frac{1}{x}} \cdot \left(\sin\frac{1}{x}\right)' = e^{\sin\frac{1}{x}} \cdot \cos\frac{1}{x} \cdot \left(\frac{1}{x}\right)' = -\frac{1}{x^2} e^{\sin\frac{1}{x}} \cos\frac{1}{x}$

（3）高阶导数

定义2　如果函数 $y = f(x)$ 的导数 $f'(x)$ 在点 x 处可导,则称 $f'(x)$ 在点 x 处的导数为函数

$y = f(x)$ 在点 x 处的二阶导数,记作

$$y'', \quad f''(x), \quad \frac{d^2 y}{dx^2} \quad \text{或} \quad \frac{d^2 f}{dx^2}$$

二阶导数 $y'' = f''(x)$ 的导数就称为 $y = f(x)$ 的三阶导数,记作

$$f'''(x), y''', \frac{d^3 y}{dx^3}$$

类似地,$y = f(x)$ 的 $n-1$ 阶导数的导数称为 $f(x)$ 的 n 阶导数,记作

$$f^{(n)}(x), y^{(n)}, \frac{d^n y}{dx^n}$$

二阶及二阶以上的导数统称为高阶导数.

我们知道加速度是速度对时间的变化率,而速度是路程对时间的变化率(一阶导数),故加速度是路程对时间的二阶导数. $a = v'(t) = s''(t)$,这就是二阶导数的力学意义.

例 10 设 $y = x^3 - 4x^2 + 2x - 1$,求 y'' 及 y'''.

解
$$y' = 3x^2 - 8x + 2$$
$$y'' = 6x - 8$$
$$y''' = 6$$

例 11 求 $y = \sin x$ 的 n 阶导数.

解 $y' = \cos x = \sin\left(x + \frac{\pi}{2}\right)$

$$y'' = \cos\left(x + \frac{\pi}{2}\right) = \sin\left(x + 2 \cdot \frac{\pi}{2}\right)$$

$$y''' = \cos\left(x + 2 \cdot \frac{\pi}{2}\right) = \sin\left(x + 3 \cdot \frac{\pi}{2}\right)$$

$$\vdots$$

$$y^{(n)} = \sin\left(x + n \cdot \frac{\pi}{2}\right)$$

2.2.3 微分及导数应用

(1)微分概念

很多实际问题中,需要计算当自变量有微小变化时函数的增量,而计算函数的增量往往比较复杂,这就需要寻找求增量近似值的方法,使它既便于计算,又有一定的精确度. 我们知道导数与函数增量有关,若函数 $f(x)$ 在点 x_0 处可导,有

$$f'(x_0) = \lim_{\Delta x \to 0} \frac{\Delta y}{\Delta x}$$

根据极限与无穷小量的关系,有 $\frac{\Delta y}{\Delta x} = f'(x_0) + \alpha$($\alpha$ 是 $\Delta x \to 0$ 时的无穷小量),即

$$\Delta y = f'(x_0) \cdot \Delta x + \alpha \cdot \Delta x$$

其中 $f'(x_0)\Delta x$ 是 Δx 的线性函数,是增量 Δy 的主要部分,而 $\alpha \cdot \Delta x$ 是当 $\Delta x \to 0$ 时的高阶无穷小($\lim\limits_{\Delta x \to 0} \frac{\alpha \Delta x}{\Delta x} = 0$). 当 $|\Delta x|$ 很小时,可以用增量的线性主部近似地表示 Δy,我们把增量的主要部分称为微分.

定义 3　如果函数的增量 Δy 可以表示为

$$\Delta y = f'(x_0) \cdot \Delta x + o(\Delta x)$$

其中 $o(\Delta x)$ 是 Δx 的高阶无穷小,则称 $y = f(x)$ 在点 x_0 处可微,并称 $f'(x_0) \cdot \Delta x$ 为 $y = f(x)$ 在 x_0 处的微分. 记

$$dy = f'(x_0) \cdot \Delta x$$

一般地,函数 $y = f(x)$ 在点 x 处的微分记作

$$dy = f'(x) \cdot \Delta x \quad 或 \quad df(x) = f'(x) \cdot \Delta x$$

对于函数 $y = x$ 来说,它的微分 $dx = x' \Delta x = \Delta x$,于是

$$dy = f'(x)dx$$

从而有

$$\frac{dy}{dx} = f'(x)$$

函数微分 dy 与自变量微分 dx 之商,等于该函数的导数,因此导数又称为微商.

图 2.2 给出了微分的几何意义:曲线 $y = f(x)$ 在 M 点处切线纵坐标对应 Δx 的增量.

图 2.2

（2）微分运算

从函数微分的表达式 $dy = f'(x)dx$ 可以看出,要计算出函数的微分,只要计算函数的导数,再乘以自变量的微分. 因此由导数公式与运算法则可得如下微分公式和运算法则.

①$d(c) = 0$

②$d(x^\alpha) = \alpha x^{\alpha-1}dx$

③$d(a^x) = a^x \ln a dx$

④$d(e^x) = e^x dx$

⑤$d(\log_a x) = \dfrac{1}{x \ln a}dx$

⑥$d(\ln x) = \dfrac{1}{x}dx$

⑦$d(\sin x) = \cos x dx$

⑧$d(\cos x) = -\sin x dx$

⑨$d(\tan x) = \sec^2 x dx$

⑩$d(\cot x) = -\csc^2 x dx$

⑪$d(\sec x) = \sec x \tan x dx$

⑫$d(\csc x) = -\csc x \cot x dx$

⑬$d(\arcsin x) = \dfrac{1}{\sqrt{1-x^2}}dx$

⑭$d(\arccos x) = -\dfrac{1}{\sqrt{1-x^2}}dx$

⑮$d(\arctan x) = \dfrac{1}{1+x^2}dx$

⑯$d(\text{arccot } x) = -\dfrac{1}{1+x^2}dx$

⑰$d(u \pm v) = du \pm dv$

⑱$d(u \cdot v) = vdu + udv$

⑲$d(cu) = cdu,(c \text{ 为常数})$

⑳$d\left(\dfrac{u}{v}\right) = \dfrac{vdu - udv}{v^2},(v \neq 0)$

例 12　求 $y = x^2$ 在 $x = 2$, $\Delta x = 0.01$ 时的增量 Δy 与微分 dy,并计算 $\Delta y - dy$.

解　$\Delta y = (2 + 0.01)^2 - 2^2 = 0.040\ 1$

$\quad\quad dy = (x^2)' \Delta x = 2x\Delta x$

$\quad\quad dy \Big|_{\substack{x=2 \\ \Delta x=0.01}} = 2 \times 2 \times 0.01 = 0.04$

$\quad\quad \Delta y - dy = 0.040\ 1 - 0.04 = 0.000\ 1$

易见当 Δx 较小时,微分可近似代替增量.

例 13 设 $y = \sin(2x + 1)$,求 $\mathrm{d}y$.

解 $\mathrm{d}y = y'\mathrm{d}x = 2\cos(2x + 1)\mathrm{d}x$

例 14 设 $y = \mathrm{e}^{1-3x}\cos x$,求 $\mathrm{d}y$.

解 应用微分法则(18),得

$$\mathrm{d}y = \cos x\,\mathrm{d}(\mathrm{e}^{1-3x}) + \mathrm{e}^{1-3x}\mathrm{d}(\cos x) = \cos x \cdot \mathrm{e}^{1-3x}(-3\mathrm{d}x) + \mathrm{e}^{1-3x}(-\sin x\mathrm{d}x)$$
$$= -\mathrm{e}^{1-3x}(3\cos x + \sin x)\mathrm{d}x$$

此题用微分定义式 $\mathrm{d}y = y'\mathrm{d}x$ 计算会简单些,请读者自习之.

2.3 不定积分

前面我们研究了如何求一个函数的导数问题. 本节我们将研究与之相反的问题,即求一个可导函数,使它的导数恰好等于已知函数,这就是不定积分.

学习任务

知识目标:1. 理解原函数与不定积分的概念;

    2. 掌握不定积分基本公式和基本性质;

    3. 掌握不定积分的直接积分法;

    4. 掌握不定积分的换元积分法(凑微分法、第二类换元积分法);

    5. 掌握不定积分的分部积分法.

能力目标:1. 能够运用不定积分的基本公式和基本性质进行计算;

    2. 能运用不定积分的直接积分法求解不定积分;

    3. 能运用不定积分的换元积分法求解不定积分;

    4. 能运用不定积分的分部积分法求解不定积分.

学习重点:1. 原函数与不定积分的概念;

    2. 不定积分的基本公式;

    3. 不定积分的直接积分法、换元积分法和分部积分法.

学习难点:1. 原函数与不定积分的概念;

    2. 不定积分的换元积分法.

2.3.1 不定积分的概念

定义 1 设函数 $f(x)$ 在区间 I 上有定义,如果存在可导函数 $F(x)$,使得

$$F'(x) = f(x) \text{ 或 } \mathrm{d}F(x) = f(x)\mathrm{d}x, x \in I$$

称 $F(x)$ 是函数 $f(x)$ 在区间 I 上的一个原函数.

例如 $(\sin x)' = \cos x$,则 $\sin x$ 是 $\cos x$ 在 $(-\infty < x < +\infty)$ 上的一个原函数. $(\arcsin x)' = \dfrac{1}{\sqrt{1-x^2}}, (-1 < x < 1)$,则 $\arcsin x$ 是 $\dfrac{1}{\sqrt{1-x^2}}$ 在 $(-1, 1)$ 上的一个原函数.

因为 $[F(x) + c]' = F'(x) = f(x). (c$ 为任意常数$)$,$F(x) + c$ 也是 $f(x)$ 的原函数. 这就是说,一个函数如果有原函数,那它就有无穷多个原函数,可以证明:

24

定理 1　若函数 $F(x)$ 是 $f(x)$ 的一个原函数,则 $F(x) + c$ 是 $f(x)$ 的全部原函数,且任意两个原函数之差为常数.

定义 2　如果 $F(x)$ 是 $f(x)$ 在区间 I 上的一个原函数,则称 $f(x)$ 的全部原函数 $F(x) + c$ 为 $f(x)$ 在区间 I 上的不定积分,记 $\int f(x)\mathrm{d}x$,即

$$\int f(x)\mathrm{d}x = F(x) + c$$

其中 $\int$ 称为积分号, $f(x)$ 称为被积函数, $f(x)\mathrm{d}x$ 称为被积表达式, x 称为积分变量.

从不定积分的概念可以看出,求不定积分和求导数或求微分互为逆运算,即有

$$\left[\int f(x)\mathrm{d}x\right]' = f(x) \quad \text{或} \quad \mathrm{d}\left[\int f(x)\mathrm{d}x\right] = f(x)\mathrm{d}x$$

$$\int F'(x)\mathrm{d}x = F(x) + c \quad \text{或} \quad \int \mathrm{d}F(x) = F(x) + c$$

这就是说,先积分后微分,两者的作用互相抵消,若先微分后积分,则在抵消后加上任意常数 c.

图 2.3 给出了不定积分的几何意义:一簇平行曲线上相同横坐标对应点处的切线互相平行.

由不定积分的定义,可得到不定积分的如下性质:

性质 1　被积函数中的常数因子可提到积分号外

$$\int kf(x)\mathrm{d}x = k\int f(x)\mathrm{d}x(k \text{ 为常数})$$

性质 2　两个函数代数和的不定积分等于两个函数不定积分的代数和

$$\int [f(x) \pm g(x)]\mathrm{d}x = \int f(x)\mathrm{d}x \pm \int g(x)\mathrm{d}x$$

图 2.3

性质 2 可推广至有限个函数代数和的情形.

由于积分运算是微分运算的逆运算,所以从基本导数公式可以直接得到基本积分公式. 例如 $\left(\dfrac{x^{\alpha+1}}{\alpha + 1}\right)' = x^{\alpha},(\alpha \neq -1)$,可得积分公式 $\int x^{\alpha}\mathrm{d}x = \dfrac{x^{\alpha+1}}{\alpha + 1} + c,(\alpha \neq -1)$.

基本积分公式

① $\int 0\mathrm{d}x = c$

② $\int x^{\alpha}\mathrm{d}x = \dfrac{x^{\alpha+1}}{\alpha + 1} + c,(\alpha \neq -1)$

③ $\int \dfrac{1}{x}\mathrm{d}x = \ln |x| + c$

④ $\int a^{x}\mathrm{d}x = \dfrac{a^{x}}{\ln a} + c$

⑤ $\int \mathrm{e}^{x}\mathrm{d}x = \mathrm{e}^{x} + c$

⑥ $\int \cos x\mathrm{d}x = \sin x + c$

⑦ $\int \sin x\mathrm{d}x = -\cos x + c$

⑧ $\int \sec^{2}x\mathrm{d}x = \tan x + c$

⑨ $\int \csc^{2}x\mathrm{d}x = -\cot x + c$

⑩ $\int \dfrac{1}{\sqrt{1 - x^{2}}}\mathrm{d}x = \arcsin x + c$

⑪ $\int \dfrac{1}{1 + x^{2}}\mathrm{d}x = \arctan x + c$

⑫ $\int \tan x \sec x\mathrm{d}x = \sec x + c$

⑬ $\int \cot x \csc x \, dx = -\csc x + c$

以上性质和公式是求不定积分的基础,必须通过反复练习加以熟记.

例 1 求 $\int \sqrt{x}(x^2 - 5) \, dx$.

解 $\int \sqrt{x}(x^2 - 5) \, dx = \int \left(x^{\frac{5}{2}} - 5x^{\frac{1}{2}} \right) dx = \int x^{\frac{5}{2}} dx - 5 \int x^{\frac{1}{2}} dx = \frac{2}{7} x^{\frac{7}{2}} - \frac{10}{3} x^{\frac{3}{2}} + c$

遇到分项积分时,不需要对每个积分都加任意常数,只需各项积分都计算完后,加一个任意常数即可.

例 2 求 $\int \dfrac{x - 4}{\sqrt{x} + 2} \, dx$.

解 $\int \dfrac{x - 4}{\sqrt{x} + 2} \, dx = \int \dfrac{(\sqrt{x} + 2)(\sqrt{x} - 2)}{\sqrt{x} + 2} \, dx = \int (\sqrt{x} - 2) \, dx = \frac{2}{3} x^{\frac{3}{2}} - 2x + c$

例 3 求 $\int \dfrac{x^4}{1 + x^2} \, dx$.

解 $\int \dfrac{x^4}{1 + x^2} \, dx = \int \dfrac{(x^4 - 1) + 1}{1 + x^2} \, dx = \int (x^2 - 1) \, dx + \int \dfrac{1}{1 + x^2} \, dx = \frac{1}{3} x^3 - x + \arctan x + c$

例 4 求 $\int \tan^2 x \, dx$.

解 $\int \tan^2 x \, dx = \int (\sec^2 x - 1) \, dx = \int \sec^2 x \, dx - \int dx = \tan x - x + c$

例 5 求 $\int \dfrac{\cos 2x}{\cos x + \sin x} \, dx$.

解 $\int \dfrac{\cos 2x}{\cos x + \sin x} \, dx = \int \dfrac{\cos^2 x - \sin^2 x}{\cos x + \sin x} \, dx = \int \dfrac{(\cos x + \sin x)(\cos x - \sin x)}{\cos x + \sin x} \, dx$

$$= \int (\cos x - \sin x) \, dx = \sin x + \cos x + c$$

以上各例题可见,函数变形在积分运算中起很重要的作用,要熟记积分公式,寻找被积函数与公式的直接的或间接的关系,只有多做练习,勤于思考,才会熟练掌握.

例 6 已知物体以速度 $v = 2t^2 + 1 \, \text{m/s}$ 沿 OS 轴作直线运动,当 $t = 1 \, \text{s}$ 时,物体经过的路程为 3 m,求物体的运动规律.

解 设物体运动的规律为 $s = s(t)$,于是有 $s'(t) = 2t^2 + 1$. 所以

$$s(t) = \int v(t) \, dt = \int (2t^2 + 1) \, dt = \frac{2}{3} t^3 + t + c$$

已知 $t = 1$ 时,$s = 3$,代入上式得 $c = \dfrac{4}{3}$. 于是所求物体的运动规律为

$$s(t) = \frac{2}{3} t^3 + t + \frac{4}{3}$$

2.3.2 换元积分法

利用基本积分公式和性质计算的不定积分是非常有限的,因此有必要进一步研究不定积分的求法. 将复合函数的微分法反过来用于求不定积分,利用中间变量的代换,可得到复合函

数的积分法,简称换元法.

(1)第一换元法

我们知道 $\int\cos x\mathrm{d}x = \sin x + c.$ 而 $\int\cos 2x\mathrm{d}x \neq \sin 2x + c.$ 问题在哪里?仔细分析两个式子,前者被积函数变量是 x,积分变量也是 x,而后者被积函数变量是 $2x$,而积分变量为 x. 二者不一致,设法将它们"凑"成一致.

$$\int\cos 2x\mathrm{d}x = \frac{1}{2}\int\cos 2x\mathrm{d}(2x) \xlongequal{u=2x} \frac{1}{2}\int\cos u\mathrm{d}u = \frac{1}{2}\sin u + c \xlongequal{回代} \frac{1}{2}\sin 2x + c$$

验证

$$\left(\frac{1}{2}\sin 2x + c\right)' = \frac{1}{2}\cdot 2\cos 2x = \cos 2x$$

像这样通过适当的变量替换,使被积函数化简,最后能够利用基本积分公式求出结果的方法称为第一换元积分法,它的一般形式可叙述为下面的定理.

定理 2　设 $f(u)$ 具有原函数 $F(u)$,$u = \varphi(x)$ 可导,则有换元公式

$$\int f[\varphi(x)]\varphi'(x)\mathrm{d}x = \int f[\varphi(x)]\mathrm{d}\varphi(x) \xlongequal{u=\varphi(x)} \int f(u)\mathrm{d}u = F(u) + c \xlongequal{回代} F[\varphi(x)] + c$$

上述过程的关键是"凑微分",即适当选择 $\varphi(x)$,将被积函数化成 $\varphi(x)$ 的函数和 $\varphi(x)$ 导数的形式,然后将 $\varphi'(x)\mathrm{d}x$ 凑成 $\mathrm{d}\varphi(x)$,进一步的换元积分就顺理成章了.因而人们常把第一换元法称为凑微分法.

例 7　求 $\int\dfrac{1}{3+2x}\mathrm{d}x.$

解　令 $u = 3 + 2x$,$\mathrm{d}u = (3+2x)'\mathrm{d}x = 2\mathrm{d}x$,$\mathrm{d}x = \dfrac{\mathrm{d}u}{2}$,

$$\int\frac{1}{3+2x}\mathrm{d}x = \int\frac{1}{u}\cdot\frac{\mathrm{d}u}{2} = \frac{1}{2}\ln|u| + c = \frac{1}{2}\ln|3+2x| + c$$

例 8　求 $\int x\mathrm{e}^{x^2}\mathrm{d}x.$

解　令 $u = x^2$,$\mathrm{d}u = 2x\mathrm{d}x$,$x\mathrm{d}x = \dfrac{\mathrm{d}u}{2}$,

$$\int x\mathrm{e}^{x^2}\mathrm{d}x = \int\frac{1}{2}\mathrm{e}^u\mathrm{d}u = \frac{1}{2}\mathrm{e}^u + c = \frac{1}{2}\mathrm{e}^{x^2} + c$$

例 9　求 $\int\dfrac{1}{x\ln x}\mathrm{d}x.$

解　令 $u = \ln x$,$\mathrm{d}u = \dfrac{1}{x}\mathrm{d}x$,

$$\int\frac{1}{x\ln x}\mathrm{d}x = \int\frac{1}{\ln x}\mathrm{d}\ln x = \int\frac{\mathrm{d}u}{u} = \ln|u| + c = \ln|\ln x| + c$$

例 10　求 $\int\dfrac{\sin\sqrt{x}}{\sqrt{x}}\mathrm{d}x.$

解　令 $u = \sqrt{x}$,$\mathrm{d}u = \dfrac{1}{2\sqrt{x}}\mathrm{d}x$,$\dfrac{\mathrm{d}x}{\sqrt{x}} = 2\mathrm{d}u$

$$\int \frac{\sin \sqrt{x}}{\sqrt{x}} dx = 2 \int \sin u du = -2\cos u + c = -2\cos \sqrt{x} + c$$

用第一换元法解题,首先应熟悉微分与积分公式,针对具体的积分选准变量 $\varphi(x)$,凑微分使被积函数的变量与积分变量一致.

当凑微分运算比较熟练时,设变量和回代这两个步骤可省略不写,使过程简化.

例 11 求 $\int x\sqrt{1-x^2}dx$.

解 $\int x\sqrt{1-x^2}dx = -\int \frac{1}{2}\sqrt{1-x^2}d(1-x^2) = -\frac{1}{2}\cdot\frac{2}{3}(1-x^2)^{\frac{3}{2}} + c = -\frac{1}{3}(1-x^2)^{\frac{3}{2}} + c$

例 12 求 $\int \frac{1}{a^2+x^2}dx$.

解 $\int \frac{1}{a^2+x^2}dx = \frac{1}{a^2}\int \frac{1}{1+\left(\frac{x}{a}\right)^2}dx = \frac{1}{a}\int \frac{1}{1+\left(\frac{x}{a}\right)^2}d\left(\frac{x}{a}\right) = \frac{1}{a}\arctan\frac{x}{a} + c$

如果被积函数中含有三角函数,通常要对三角函数进行恒等变形,然后利用积分公式求之.

例 13 求 $\int \tan x dx$.

解 $\int \tan x dx = \int \frac{\sin x}{\cos x}dx = \int -\frac{d\cos x}{\cos x} = -\ln|\cos x| + c$

同理 $\int \cot x dx = \ln|\sin x| + c$

例 14 求 $\int \csc x dx$.

解 $\int \csc x dx = \int \frac{1}{\sin x}dx = \int \frac{1}{2\sin\frac{x}{2}\cos\frac{x}{2}}dx = \int \frac{d\left(\frac{x}{2}\right)}{\tan\frac{x}{2}\cos^2\frac{x}{2}}$

$$= \int \frac{d\tan\frac{x}{2}}{\tan\frac{x}{2}} = \ln\left|\tan\frac{x}{2}\right| + c$$

因为 $\tan\frac{x}{2} = \frac{\sin\frac{x}{2}}{\cos\frac{x}{2}} = \frac{2\sin^2\frac{x}{2}}{\sin x} = \frac{1-\cos x}{\sin x} = \csc x - \cot x$

所以 $\int \csc x dx = \ln|\csc x - \cot x| + c$

同理 $\int \sec x dx = \ln|\sec x + \tan x| + c$

利用凑微分法,还可以求一些简单的三角函数有理式的积分.

例 15 求 $\int \sin^3 x \cos x dx$

解
$$\int \sin^3 x \cos x \mathrm{d}x = \int \sin^3 x \mathrm{d} \sin x = \frac{1}{4} \sin^4 x + c$$

例 16　求 $\int \sin^2 x \mathrm{d}x$.

解
$$\int \sin^2 x \mathrm{d}x = \int \frac{1 - \cos 2x}{2} \mathrm{d}x = \frac{1}{2} \int \mathrm{d}x - \frac{1}{2} \int \cos 2x \mathrm{d}x$$
$$= \frac{1}{2}x - \frac{1}{4} \int \cos 2x \mathrm{d}(2x) = \frac{1}{2}x - \frac{1}{4} \sin 2x + c$$

例 17　求 $\int \sec^4 x \mathrm{d}x$.

解　$\int \sec^4 x \mathrm{d}x = \int \sec^2 x \mathrm{d}(\tan x) = \int (1 + \tan^2 x) \mathrm{d} \tan x = \tan x + \frac{1}{3} \tan^3 x + c$

含有三角函数的积分具有一定的规律性,请读者自行总结.

利用第一换元积分法求不定积分,比复合函数求导数要困难得多,其中需要一定的技巧,而且如何选取 $u = \varphi(x)$ 换元没有一般规律可循,有时需要几次尝试才能选得恰当,因此要掌握第一换元法除了熟悉一些典型的例子外,关键还要注意总结特殊规律,多多练习才行.

(2)第二换元法

第一换元积分法是令可导函数 $\varphi(x) = u$,把 $\int f[\varphi(x)]\varphi'(x) \mathrm{d}x$ 转化为容易计算的 $\int f(u) \mathrm{d}u$ 形式. 但我们也经常遇到相反的问题,对不易计算的 $\int f(x) \mathrm{d}x$ 来说,适当地选择变量 $x = \psi(t)$ 将 $\int f(x) \mathrm{d}x$ 转化成容易计算的 $\int f[\psi(t)]\psi'(t) \mathrm{d}t$ 形式,这便是第二换元积分法.

定理 3　设函数 $f(x)$ 连续, $x = \psi(t)$ 是单调、可导的函数,且 $\psi'(t) \neq 0$,则有换元公式
$$\int f(x) \mathrm{d}x \xlongequal{x = \psi(t)} \int f[\psi(t)]\psi'(t) \mathrm{d}t = \int \Phi(t) \mathrm{d}t = F(t) + c \xlongequal{t = \psi^{-1}(x)} F[\psi^{-1}(x)] + c$$
这里 $t = \psi^{-1}(x)$ 是 $x = \psi(t)$ 的反函数.

第二换元积分法对于某些无理函数积分的计算有较好的效果.

例 18　求 $\int \dfrac{1}{1 + \sqrt[3]{x}} \mathrm{d}x$.

解　被积函数中含有 $\sqrt[3]{x}$ 是解题的困难所在,为去掉根号,令 $\sqrt[3]{x} = t$,则 $x = t^3$, $\mathrm{d}x = 3t^2 \mathrm{d}t$ 于是
$$\int \frac{1}{1 + \sqrt[3]{x}} \mathrm{d}x = \int \frac{3t^2}{1 + t} \mathrm{d}t = 3 \int \frac{(t^2 - 1) + 1}{1 + t} \mathrm{d}t = 3 \int (t - 1) \mathrm{d}t + 3 \int \frac{\mathrm{d}t}{1 + t}$$
$$= 3\left(\frac{t^2}{2} - t + \ln |1 + t| \right) + c$$
$$\xlongequal{t = \sqrt[3]{x}} 3\left(\frac{\sqrt[3]{x^2}}{2} - \sqrt[3]{x} + \ln \left| 1 + \sqrt[3]{x} \right| \right) + c$$

例 19　求 $\int \sqrt{a^2 - x^2} \mathrm{d}x, (a > 0)$.

解　利用三角公式 $\sin^2 t + \cos^2 t = 1$ 来化去根式.

令 $x = a \sin t$, $\mathrm{d}x = a \cos t \mathrm{d}t$,
$$\int \sqrt{a^2 - x^2} \mathrm{d}x = \int \sqrt{a^2 - a^2 \sin^2 t} \cdot a \cos t \mathrm{d}t = a^2 \int \cos^2 t \mathrm{d}t$$

$$= a^2 \int \frac{1 + \cos 2t}{2} dt = \frac{a^2}{2} \left(t + \frac{1}{2} \sin 2t \right) + c$$

$$= \frac{a^2}{2} (t + \sin t \cdot \cos t) + c$$

根据 $\sin t = \dfrac{x}{a}$ 作辅助三角形,见图 2.4,则 $t = \arcsin \dfrac{x}{a}, \cos t = \dfrac{\sqrt{a^2 - x^2}}{a}$. 于是

$$\int \sqrt{a^2 - x^2} \, dx = \frac{a^2}{2} \arcsin \frac{x}{a} + \frac{1}{2} x \sqrt{a^2 - x^2} + c$$

图 2.4　　　　　　　　图 2.5　　　　　　　　图 2.6

例 20　求 $\displaystyle \int \frac{dx}{\sqrt{x^2 + a^2}}, (a > 0)$.

解　利用三角公式 $1 + \tan^2 t = \sec^2 t$ 来化去根式.

令 $x = a \tan t, dx = a \sec^2 t dt$

$$\int \frac{dx}{\sqrt{x^2 + a^2}} = \int \frac{a \sec^2 t dt}{\sqrt{a^2 \tan^2 t + a^2}} = \int \frac{\sec^2 t}{\sec t} dt = \int \sec t dt$$

$$= \ln | \sec t + \tan t | + c_1$$

根据 $\tan t = \dfrac{x}{a}$ 作辅助三角形,如图 2.5 所示,

$$\int \frac{dx}{\sqrt{x^2 + a^2}} = \ln \left| \frac{\sqrt{x^2 + a^2}}{a} + \frac{x}{a} \right| + c_1 = \ln \left| \sqrt{x^2 + a^2} + x \right| + c,$$

$$(c = c_1 - \ln a)$$

例 21　求 $\displaystyle \int \frac{dx}{\sqrt{x^2 - a^2}}, (a > 0)$.

解　利用三角公式 $\sec^2 t - 1 = \tan^2 t$ 来化去根式.

令 $x = a \sec t, dx = a \sec t \cdot \tan t dt$

$$\int \frac{dx}{\sqrt{x^2 - a^2}} = \int \frac{a \sec t \cdot \tan t dt}{\sqrt{a^2 \sec^2 t - a^2}} = \int \sec t dt$$

$$= \ln | \sec t + \tan t | + c_1$$

根据 $\sec t = \dfrac{x}{a}$ 作辅助三角形,如图 2.6 所示,

$$\int \frac{dx}{\sqrt{x^2 - a^2}} = \ln \left| \frac{x}{a} + \frac{\sqrt{x^2 - a^2}}{a} \right| + c_1$$

$$= \ln \left| x + \sqrt{x^2 - a^2} \right| + c, (c = c_1 - \ln a)$$

从上面的例子可以看出,当被积函数含有根式 $\sqrt{a^2 - x^2}$ 或 $\sqrt{a^2 + x^2}$ 时,可将被积函数作如

下变换:

①含有 $\sqrt{a^2-x^2}$ 时,令 $x=a\sin t$;

②含有 $\sqrt{x^2+a^2}$ 时,令 $x=a\tan t$;

③含有 $\sqrt{x^2-a^2}$ 时,令 $x=a\sec t$.

在解题时要分析被积函数的具体情况,应选取尽可能简捷的换元,不拘于上述形式(如本节例 11).

有几个积分结果以后往常遇到,可当作公式使用,作为基本公式的补充列在下面:

⑭ $\int\tan x\mathrm{d}x=-\ln|\cos x|+c$ ⑮ $\int\cot x\mathrm{d}x=\ln|\sin x|+c$

⑯ $\int\sec x\mathrm{d}x=\ln|\sec x+\tan x|+c$ ⑰ $\int\csc x\mathrm{d}x=\ln|\csc x-\cot x|+c$

⑱ $\int\dfrac{\mathrm{d}x}{a^2+x^2}=\dfrac{1}{a}\arctan\dfrac{x}{a}+c$ ⑲ $\int\dfrac{\mathrm{d}x}{x^2-a^2}=\dfrac{1}{2a}\ln\left|\dfrac{x-a}{x+a}\right|+c$

⑳ $\int\dfrac{\mathrm{d}x}{\sqrt{a^2-x^2}}=\arcsin\dfrac{x}{a}+c$ ㉑ $\int\dfrac{\mathrm{d}x}{\sqrt{x^2\pm a^2}}=\ln\left|x+\sqrt{x^2\pm a^2}\right|+c$

2.3.3　分部积分法

换元积分法是在复合函数求导法则的基础上推导的一种积分方法,下面我们由两个函数乘积的微分法则推导出另一种积分法则——分部积分法. 这种方法主要是解决被积函数是两类不同函数乘积的不定积分.

定理 4　设 $u=u(x)$, $v=v(x)$ 具有连续的导数 $u'(x)$ 和 $v'(x)$,则有分部积分公式

$$\int u\mathrm{d}v=uv-\int v\mathrm{d}u$$

证明　由两个函数乘积的微分法则

$$\mathrm{d}(uv)=u\mathrm{d}v+v\mathrm{d}u$$

移项

$$u\mathrm{d}v=\mathrm{d}(uv)-v\mathrm{d}u$$

两边积分

$$\int u\mathrm{d}v=uv-\int v\mathrm{d}u$$

分部积分公式的意义在于将 $\int u\mathrm{d}v$ 转化成 $\int v\mathrm{d}u$,如果 $\int u\mathrm{d}v$ 不容易计算,而 $\int v\mathrm{d}u$ 容易计算,则此公式就起到了化难为易的作用了.

例 22　求 $\int xe^x\mathrm{d}x$.

解　设 $u=x$, $\mathrm{d}v=e^x\mathrm{d}x$,则 $\mathrm{d}u=\mathrm{d}x$, $v=e^x$.

$$\int xe^x\mathrm{d}x=xe^x-\int e^x\mathrm{d}x=xe^x-e^x+c$$

如果设 $u=e^x$, $\mathrm{d}v=x\mathrm{d}x$, $\mathrm{d}u=e^x\mathrm{d}x$, $v=\dfrac{x^2}{2}$

$$\int xe^x\mathrm{d}x=e^x\cdot\dfrac{x^2}{2}-\int\dfrac{x^2}{2}\mathrm{d}(e^x)=e^x\cdot\dfrac{x^2}{2}-\int\dfrac{x^2}{2}e^x\mathrm{d}x$$

易见右边的积分反而比左边复杂,这说明 u, $\mathrm{d}v$ 的选取是不适当的.

一般地,选取 $u,\mathrm{d}v$ 可以按以下两个原则:

①由 $\mathrm{d}v$ 求 v 时要相对容易;

②$\int v\mathrm{d}u$ 要比 $\int u\mathrm{d}v$ 容易积出.

例 23 求 $\int x^2 \mathrm{e}^x \mathrm{d}x$

解 设 $u = x^2, \mathrm{d}v = \mathrm{e}^x \mathrm{d}x$ 则 $\mathrm{d}u = 2x\mathrm{d}x, v = \mathrm{e}^x$,于是

$$\int x^2 \mathrm{e}^x \mathrm{d}x = x^2 \mathrm{e}^x - 2\int x\mathrm{e}^x \mathrm{d}x$$

这里 $\int x\mathrm{e}^x \mathrm{d}x$ 比 $\int x^2 \mathrm{e}^x \mathrm{d}x$ 容易求,由例 22 可知,对 $\int x\mathrm{e}^x \mathrm{d}x$ 再使用一次分部积分法就可以求出其结果.

$$\int x^2 \mathrm{e}^x \mathrm{d}x = x^2 \mathrm{e}^x - 2\int x\mathrm{e}^x \mathrm{d}x = x^2 \mathrm{e}^x - 2(x\mathrm{e}^x - \mathrm{e}^x) + c$$
$$= \mathrm{e}^x(x^2 - 2x + 2) + c$$

例 24 求 $\int x \sin \dfrac{x}{2} \mathrm{d}x$

解 设 $u = x, \mathrm{d}v = \sin \dfrac{x}{2}\mathrm{d}x$,则 $\mathrm{d}u = \mathrm{d}x, v = -2 \cos \dfrac{x}{2}$

$$\int x \sin \frac{x}{2} \mathrm{d}x = -2x \cos \frac{x}{2} + \int 2 \cos \frac{x}{2}\mathrm{d}x$$
$$= -2x \cos \frac{x}{2} + 4 \sin \frac{x}{2} + c$$

例 25 求 $\int x^2 \ln x \mathrm{d}x$

解 设 $u = \ln x, \mathrm{d}v = x^2 \mathrm{d}x = \mathrm{d}\left(\dfrac{x^3}{3}\right)$,

$$\int x^2 \ln x \mathrm{d}x = \int \ln x \mathrm{d}\left(\frac{x^3}{3}\right) = \frac{x^3}{3}\ln x - \int \frac{x^3}{3}\mathrm{d} \ln x$$
$$= \frac{x^3}{3}\ln x - \frac{1}{3}\int x^2 \mathrm{d}x = \frac{x^3}{3}\ln x - \frac{1}{3} \cdot \frac{1}{3}x^3 + c$$
$$= \frac{x^3}{3}\ln x - \frac{x^3}{9} + c$$

对分部积分法熟练后,计算时 u 和 $\mathrm{d}v$ 可默记在心里不必写出.

例 26 求 $\int x \arctan x \mathrm{d}x$

解 $\int x \arctan x \mathrm{d}x = \int \arctan x \mathrm{d}\dfrac{x^2}{2} = \dfrac{x^2}{2}\arctan x - \int \dfrac{x^2}{2}\mathrm{d}(\arctan x)$

$$= \frac{x^2}{2}\arctan x - \frac{1}{2}\int \frac{x^2}{1 + x^2}\mathrm{d}x$$
$$= \frac{x^2}{2}\arctan x - \frac{x}{2} + \frac{1}{2}\arctan x + c$$

由上面的例子可以看出,如果被积函数是幂函数与指数函数或三角函数的乘积,可令幂函

数为 u ;如果被积函数是幂函数与对数函数或反三角函数的乘积,可令对数函数或反三角函数为 u .

在积分过程中,往往兼用两种以上的积分方法,要根据被积函数的特点作出选择.

例 27　求 $\int e^{\sqrt{x}} dx$.

解　设 $\sqrt{x} = t$,则 $x = t^2$, $dx = 2t dt$,于是

$$\int e^{\sqrt{x}} dx = 2\int t e^t dt = 2\int t de^t = 2\left(te^t - \int e^t dt \right)$$

$$= 2(te^t - e^t) + c = 2e^t(t - 1) + c$$

$$= 2e^{\sqrt{x}}(\sqrt{x} - 1) + c$$

2.4　定积分

本节我们将从实际问题出发,引出定积分的概念,然后介绍定积分的性质,计算方法,在定积分应用中将重点介绍元素法——将一个量表示成定积分的分析方法,解决一些几何、物理中的实际问题.

学习任务

知识目标:1. 理解定积分的概念和定积分的几何意义;

　　　　　2. 掌握定积分的性质;

　　　　　3. 掌握定积分的换元积分法和分部积分法;

　　　　　4. 理解定积分的微元法.

能力目标:1. 能运用定积分的概念和几何意义求解一些问题;

　　　　　2. 能运用定积分的性质解决一些问题;

　　　　　3. 能运用定积分的换元积分法和分部积分法进行定积分的计算;

　　　　　4. 能用定积分的微元法讨论平面图形的面积和绕坐标轴旋转的体积问题.

学习重点:1. 定积分的概念;

　　　　　2. 定积分的几何意义;

　　　　　3. 定积分的性质;

　　　　　4. 定积分的换元积分法和分部积分法;

　　　　　5. 定积分的微元法;

　　　　　6. 平面图形的面积和绕坐标轴旋转的体积问题.

学习难点:定积分的概念;换元积分法;用定积分表示一些几何量和物理量.

2.4.1　定积分的概念与性质

(1)问题的引入

例 1　求 $x = a$, $x = b$, $y = 0$, $y = f(x)$ 所围成的曲边梯形的面积 A 如图 2.7 所示.

分析:矩形面积 = 底 × 高,而曲边梯形上每一点的高不相同,但我们知道底(自变量)变化很小时,高(函数)变化也很小,此时曲边梯形面积近似地可以看成一个矩形的面积. 一般地

说,底越小,近似程度越高,底无限小,小矩形和取极限,就是曲线梯形面积的精确值.

①任取分点:$a = x_0 < x_1 < \cdots < x_{i-1} < x_i \cdots < x_{n-1} < x_n = b$,把$[a,b]$分成$n$个小区间,过每个分点$x_i$,作$x$轴的垂线,把曲边梯形分成$n$个小曲边梯形,记第$i$个小曲边梯形的底长$\Delta x_i = x_i - x_{i-1}$,面积为$\Delta A_i$.

②以常代变:在第i个窄曲边梯形的底$[x_{i-1}, x_i]$($i = 1, 2, \cdots, n$)上任取一点ξ_i($x_{i-1} \leqslant \xi_i \leqslant x_i$).以$\Delta x_i$为底,$f(\xi_i)$为高作一个小矩形,则$\Delta A_i \approx f(\xi_i)\Delta x_i$($i = 1, 2, \cdots, n$).如图2.8所示.

③积零为整:

$$A = \sum_{i=1}^{n} \Delta A_i \approx \sum_{i=1}^{n} f(\xi_i)\Delta x_i$$

④再取极限:当分点无限增加,且小区间最大长度$\lambda = \max_{1 \leqslant i \leqslant n} \{\Delta x_i\}$趋于零时,上述和式的极限就是曲边梯形的面积.

$$A = \lim_{\lambda \to 0} \sum_{i=1}^{n} f(\xi_i)\Delta x_i$$

曲边梯形的面积是一个极限.

图2.7　　　　　　　　　　　图2.8

例2 设一物体做变速直线运动,已知速度v是时间t在区间$[a,b]$上的连续函数,求物体在这段间隔内经过的路程s.

分析:匀速运动的路程计算方法:$s = v \cdot t$就整个时间区间$[a,b]$说来,变速运动不能看成匀速运动.但如果把$[a,b]$分成若干小段,每一小段上速度变化不大,可近似看成匀速运动,类似于例1的方法有:

①任取分点$a = t_0 < t_1 < \cdots < t_{i-1} < t_i < \cdots < t_{n-1} < t_n = b$,把$[a,b]$分成$n$个小区间,其长度为$\Delta t_i = t_i - t_{i-1}$,($i = 1, 2, \cdots, n$),物体在第$i$个时间段所走的路程为$\Delta s_i$.

②以常代变:在区间$[t_{i-1}, t_i]$,($i = 1, 2, \cdots, n$)上用其中任一时刻ξ_i的速度$v(\xi_i)$替代变化的速度,从而得Δs_i的近似值:

$$\Delta s_i \approx v(\xi_i)\Delta t_i$$

③积零为整:把每一小段路程相加,得物体在$[a,b]$上路程的近似值:

$$s \approx \sum_{i=1}^{n} v(\xi_i)\Delta t_i$$

④再取极限:当分点无限增加,小区间最大长度$\lambda = \max_{1 \leqslant i \leqslant n} \{\Delta t_i\}$趋于零时,上述和式的极限就是路程$s$的精确值,即:

$$s = \lim_{\lambda \to 0} \sum_{i=1}^{n} v(\xi_i)\Delta t_i$$

可见,变速直线运动的路程也是一个和式的极限.

上述两个例子,尽管所要计算量的实际意义不同,但计算这些量的方法步骤是相同的,最终都归结为求一个和式的极限,这种和式的极限在数学上称为定积分.

（2）定积分的概念

定义 1　设函数 $y = f(x)$ 在区间 $[a,b]$ 上有定义,任取分点

$$a = x_0 < x_1 < \cdots < x_{i-1} < x_i \cdots < x_{n-1} < x_n = b$$

将区间 $[a,b]$ 分成 n 个小区间 $[x_{i-1}, x_i]$,其长度 $\Delta x_i = x_{i-1} - x_i$,$(i = 1,2,\cdots,n)$,在每个小区间 $[x_{i-1}, x_i]$ 上任取一点 ξ_i,$(x_{i-1} \leqslant \xi_i \leqslant x_i)$,作乘积的和式

$$\sum_{i=1}^{n} f(\xi_i) \Delta x_i$$

记 $\lambda = \max_{1 \leqslant i \leqslant n} \{\Delta x_i\}$,如果不论对 $[a,b]$ 怎样分法和 ξ_i 如何选取,当 $\lambda \to 0$ 时极限存在,则称此极限值为函数 $f(x)$ 在区间 $[a,b]$ 上的定积分,记作 $\int_a^b f(x)\,\mathrm{d}x$,即

$$\int_a^b f(x)\,\mathrm{d}x = \lim_{\lambda \to 0} \sum_{i=1}^{n} f(\xi_i) \Delta x_i$$

其中 $f(x)$ 称为被积函数,$f(x)\mathrm{d}x$ 称为被积表达式,x 称为积分变量,a 和 b 分别称为积分的下限与上限,$[a,b]$ 称为积分区间.

根据定积分的定义,前面的两个例子可以分别写成定积分的形式:

曲边梯形的面积 A 等于其曲边 $y = f(x)$ 在其底所在区间 $[a,b]$ 上的定积分:

$$A = \int_a^b f(x)\,\mathrm{d}x$$

变速直线运动的路程 s 等于其速度函数 $v = v(t)$,在时间区间 $[a,b]$ 上的定积分

$$s = \int_a^b v(t)\,\mathrm{d}t$$

关于定积分概念的几点说明:

①定积分是一个数值,它仅与被积函数及积分区间有关,与积分变量无关.

$$\int_a^b f(x)\,\mathrm{d}x = \int_a^b f(t)\,\mathrm{d}t = \int_a^b f(u)\,\mathrm{d}u = \cdots$$

②定义 1 是在 $a < b$ 的情况下给出的,可以证明,不论 $a < b$ 或 $a > b$,总有

$$\int_a^b f(x)\,\mathrm{d}x = -\int_b^a f(x)\,\mathrm{d}x$$

特别地,当 $a = b$ 时

$$\int_a^b f(x)\,\mathrm{d}x = 0$$

（3）定积分的几何意义

由例 1 可知,当 $f(x) \geqslant 0$ 时,定积分 $\int_a^b f(x)\,\mathrm{d}x$ 就表示以 $y = f(x)$ 为曲边的曲边梯形的面积. 当 $f(x) < 0$ 时,定积分是负值,其绝对值等于曲边梯形的面积.

如果 $f(x)$ 在 $[a,b]$ 上连续,且有时为正有时为负,则定积分 $\int_a^b f(x)\,\mathrm{d}x$ 就等于由曲线 $y = f(x)$,直线 $x = a, x = b$ 与 x 轴围成的几个曲边梯形面积的代数和. 例如对图 2.9 所示的情况就有:

图 2.9

$$\int_a^b f(x)\,\mathrm{d}x = A_1 - A_2 + A_3$$

总之,尽管定积分 $\int_a^b f(x)\,\mathrm{d}x$ 在各种问题中所代表的实际意义不同,但它的数值在几何上都可以用曲边梯形面积的代数和来表示,这就是定积分的几何意义.

（4）定积分的性质

性质 1　被积函数中的常数因子可以提到积分符号前面

$$\int_a^b kf(x)\,\mathrm{d}x = k\int_a^b f(x)\,\mathrm{d}x\,(k\text{ 为常数})$$

性质 2　函数代数和的定积分等于各个函数定积分的代数和（以两个函数为例）.

$$\int_a^b [f(x)\pm g(x)]\,\mathrm{d}x = \int_a^b f(x)\,\mathrm{d}x \pm \int_a^b g(x)\,\mathrm{d}x$$

性质 3　定积分的区间可加性:不论 a,b,c 大小顺序如何,均有

$$\int_a^b f(x)\,\mathrm{d}x = \int_a^c f(x)\,\mathrm{d}x + \int_c^b f(x)\,\mathrm{d}x$$

2.4.2　定积分的计算

（1）牛顿—莱布尼兹公式

按照定积分的定义,用求和式极限的方法计算定积分是相当困难的. 为了寻求简单的计算方法我们对变速直线运动的位置函数 $s(t)$ 与速度函数 $v(t)$ 的联系作进一步分析:

由例 2 可知,物体在区间 $[a,b]$ 的路程 s 可表示为定积分 $\int_a^b v(t)\,\mathrm{d}t$,另一方面路程 s 又可以表示为 $s(t)$ 在这段时间区间上的增量 $s(b)-s(a)$,于是有:

$$\int_a^b v(t)\,\mathrm{d}t = s(b) - s(a)$$

根据导数的物理意义 $s'(t) = v(t)$,即 $s(t)$ 是 $v(t)$ 的一个原函数. 因此为求定积分 $\int_a^b v(t)\,\mathrm{d}t$,只需求 $v(t)$ 的原函数 $s(t)$,然后计算 $s(b)-s(a)$.

如果抽去上面问题的物理意义,便可得到计算定积分 $\int_a^b f(x)\,\mathrm{d}x$ 的一般方法.

定理 1（牛顿 — 莱布尼兹公式）　设 $F(x)$ 是连续函数 $f(x)$ 在区间 $[a,b]$ 上的一个原函数,则

$$\int_a^b f(x)\,\mathrm{d}x = F(x)\,\Big|_a^b = F(b) - F(a)$$

该定理揭示了定积分和不定积分之间的联系和计算定积分的有效而简便的方法.

例 3　计算 $\int_{-\frac{\pi}{4}}^{\frac{\pi}{2}} \cos x\,\mathrm{d}x$.

解　$\int_{-\frac{\pi}{4}}^{\frac{\pi}{2}} \cos x\,\mathrm{d}x = \sin x\,\Big|_{-\frac{\pi}{4}}^{\frac{\pi}{2}} = \sin\frac{\pi}{2} - \sin\left(-\frac{\pi}{4}\right) = 1 + \frac{\sqrt{2}}{2}$

例 4　计算 $\int_1^e \dfrac{1+\ln x}{x}\,\mathrm{d}x$.

解　$\int_1^e \dfrac{1+\ln x}{x}\,\mathrm{d}x = \int_1^e (1+\ln x)\,\mathrm{d}(1+\ln x) = \dfrac{1}{2}(1+\ln x)^2\,\Big|_1^e = \dfrac{1}{2}(4-1) = \dfrac{3}{2}$

（2）定积分的换元法

牛顿—莱布尼兹公式给出了计算定积分的方法,但在有些情况下恰当地使用定积分的换元和分部积分法,可以进一步简化解题过程.

定理 2　设函数 $f(x)$ 在区间 $[a,b]$ 上连续,令 $x = \varphi(u)$,且 $\varphi(\alpha) = a, \varphi(\beta) = b$ 如果

①$\varphi(u)$ 在区间 $[\alpha, \beta]$ 上有连续的导数 $\varphi'(u)$.

②当 u 从 α 变到 β 时,$\varphi(u)$ 从 a 单调地变到 b 则有

$$\int_a^b f(x)\,\mathrm{d}x = \int_\alpha^\beta f[\varphi(u)]\varphi'(u)\,\mathrm{d}u$$

例 5　计算 $\int_0^a \sqrt{a^2 - x^2}\,\mathrm{d}x, (a > 0)$.

解　令 $x = a\sin u$,则 $\mathrm{d}x = a\cos u\mathrm{d}u$,当 $x = 0$ 时,$u = 0$;$x = a, u = \dfrac{\pi}{2}$. 于是

$$\int_0^a \sqrt{a^2 - x^2}\,\mathrm{d}x = a^2\int_0^{\frac{\pi}{2}}\cos^2 u\mathrm{d}u = \frac{a^2}{2}\int_0^{\frac{\pi}{2}}(1 + \cos 2u)\,\mathrm{d}u$$

$$= \frac{a^2}{2}\left(u + \frac{1}{2}\sin 2u\right)\Big|_0^{\frac{\pi}{2}} = \frac{\pi a^2}{4}$$

例 6　计算 $\int_0^{\frac{\pi}{2}}\cos^5 x \sin x\mathrm{d}x$.

解　令 $u = \cos x$,则 $\mathrm{d}u = -\sin x\mathrm{d}x$,当 $x = 0$ 时,$u = 1$;$x = \dfrac{\pi}{2}, u = 0$. 于是

$$\int_0^{\frac{\pi}{2}}\cos^5 x \sin x\mathrm{d}x = -\int_1^0 u^5\mathrm{d}u = \int_0^1 u^5\mathrm{d}u = \frac{1}{6}u^6\Big|_0^1 = \frac{1}{6}$$

在例 6 中,如果我们不明显地写出新变量 u,则积分的上、下限就不要改变,例如

$$\int_0^{\frac{\pi}{2}}\cos^5 x \sin x\mathrm{d}x = -\int_0^{\frac{\pi}{2}}\cos^5 x\mathrm{d}\cos x = -\frac{\cos^6 x}{6}\Big|_0^{\frac{\pi}{2}} = -\left(0 - \frac{1}{6}\right) = \frac{1}{6}$$

用定积分的换元积分法解题时,必须注意的是用 $x = \varphi(u)$ 把原来的积分变量 x 代换成新的积分变量 u 时,积分限也要换成相应的新变量 u 的积分限,即"换元必换限". 如果不引入新变量就不要换限了.

在计算对称区间上的定积分时,如能判断被积函数的奇偶性,应用如下公式可使计算简化:

（ⅰ）若 $f(x)$ 在 $[-a, a]$ 上连续且为偶函数时,则

$$\int_{-a}^a f(x)\,\mathrm{d}x = 2\int_0^a f(x)\,\mathrm{d}x$$

（ⅱ）若 $f(x)$ 在 $[-a, a]$ 上连续且为奇函数时,则

$$\int_{-a}^a f(x)\,\mathrm{d}x = 0$$

例如

$$\int_{-\frac{\pi}{2}}^{\frac{\pi}{2}} 4\cos^2\theta\mathrm{d}\theta = 2\int_0^{\frac{\pi}{2}} 4\cos^2\theta\mathrm{d}\theta = 4\int_0^{\frac{\pi}{2}}(1 + \cos 2\theta)\,\mathrm{d}\theta$$

$$= 4\left(\theta + \frac{\sin 2\theta}{2}\right)\Big|_0^{\frac{\pi}{2}} = 4 \times \frac{\pi}{2} = 2\pi$$

$$\int_{-\frac{\pi}{4}}^{\frac{\pi}{4}} \frac{x}{1 + \cos x} dx = 0$$

（3）定积分的分部积分法

由不定积分的分部积分公式和牛顿—莱布尼兹公式可得到如下定理.

定理3 设函数 $u(x), v(x)$ 在区间 $[a, b]$ 上具有连续的导数，那么

$$\int_a^b u dv = uv \Big|_a^b - \int_a^b v du$$

例7 计算 $\int_0^\pi x \cos x dx$.

解 $\int_0^\pi x \cos x dx = \int_0^\pi x d \sin x = x \sin x \Big|_0^\pi - \int_0^\pi \sin x dx$

$$= 0 - \int_0^\pi \sin x dx = \cos x \Big|_0^\pi = -2$$

由例7看出，用定积分的分部积分法时，不必等全部原函数求出后再代入上、下限.

2.4.3　定积分的应用

（1）元素法

应用定积分解决实际问题时，常用的方法就是定积分的元素法. 以本书求曲边梯形面积为例，说明元素法解题的思想过程.

曲边梯形面积 A 经过"分割—以常代变—积零为整—再取极限"4 个步骤后，将其表示为特定的和式的极限形式. 在这 4 个步骤中，关键是第二步，这一步要确定 ΔA_i 的近似值 $f(\xi_i) \Delta x_i$ 使得

$$A = \lim_{\lambda \to 0} \sum_{i=1}^n f(\xi_i) \Delta x_i = \int_a^b f(x) dx$$

如图 2.10 所示用 ΔA_i 表示任一小区间 $[x, x + dx]$ 上的窄曲边梯形的面积，这样 $A = \sum_{i=1}^n \Delta A_i$，取 $\xi_i = x$，则 $\Delta x_i = dx$，于是 $\Delta A_i \approx f(x) dx$.

上式右边 $f(x) dx$ 称为面积元素，记为 dA，即

$$dA = f(x) dx$$

所以 $A = \int_a^b f(x) dx = \int_a^b dA$.

一般地，如果某一实际问题中的所求量 $V = f(x)$ 符合下列条件：

① V 与变量 x 的变化区间 $[a, b]$ 有关；

② V 对于区间 $[a, b]$ 具有可加性；

③ 部分量 ΔV 的近似值可表达为 $f(\xi_i) \Delta x_i$ 则可以考虑用定积分来表示这个量，其步骤为

a. 选取积分变量，确定它的变化区间 $[a, b]$.

b. 找出所求量 V 的部分量的近似值 $dV = f(x) dx$.

c. 以 $dV = f(x) dx$ 为被积表达式，在 $[a, b]$ 上积分.

$$A = \int_a^b f(x) dx = \int_a^b dV$$

这种方法称为元素法. $dV = f(x) dx$ 称为所求量 V 的元素. 在定积分应用中，我们将应用

元素法解决一些实际问题.

图 2.10

图 2.11

（2）平面图形的面积

例 8　求由两条抛物线 $y^2 = x$ 及 $y = x^2$ 所围成图形的面积.

解　①作草图（图 2.11）确定积分变量为 x.

解方程组 $\begin{cases} y^2 = x \\ y = x^2 \end{cases}$，得交点 $(0,0)$，$(1,1,)$，确定积分区间为 $[0,1]$.

②在区间 $[0,1]$ 上任取小区间 $[x,x+dx]$，得面积元素为 $dA = (\sqrt{x} - x^2)dx$.

③积分得所求面积

$$A = \int_0^1 dA = \int_0^1 (\sqrt{x} - x^2)dx = \left(\frac{2}{3}x^{\frac{3}{2}} - \frac{1}{3}x^3 \right) \Big|_0^1 = \frac{1}{3}$$

例 9　求抛物线 $y^2 = 2x$ 与直线 $y = x - 4$ 所围成图形的面积.

解　①作草图（图 2.12）确定积分变量为 y，则 x 是 y 的函数,解方程组

$$\begin{cases} x = \dfrac{y^2}{2} \\ x = y + 4 \end{cases}$$

得交点 $(2,-2)$，$(8,4)$.确定积分区间为 $[-2,4]$.

②面积元素为

$$dA = \left[(y+4) - \frac{y^2}{2} \right]dy$$

③积分得所求面积为

$$A = \int_{-2}^4 dA = \int_{-2}^4 \left[(y+4) - \frac{y^2}{2} \right]dy$$

$$= \left(\frac{y^2}{2} + 4y - \frac{y^3}{6} \right) \Big|_{-2}^4 = 18$$

本题取 x 为积分变量,也可以得到相同的结果,但两种方法的难易程度会有不同,请读者练习并加以比较.

图 2.12

图 2.13

（3）旋转体的体积

旋转体是由一个平面图形绕这平面内的一条直线旋转一周而成的立体,这条直线叫作旋

转轴. 旋转体的主要特点是垂直旋转轴的截面都是圆.

例 10 证明底半径为 r, 高为 h 的圆锥体积为 $V = \dfrac{1}{3}\pi r^2 h$.

证明 圆锥体可看成由直线 $y = \dfrac{r}{h}x, y = 0, x = h$ 围成的三角形绕 x 轴旋转一周所成体积.

①取积分变量为 x, 积分区间为 $[0, h]$.

②在 $[0, h]$ 上任取小区间 $[x, x + \mathrm{d}x]$, 与它对应的薄片体积近似于以 $\dfrac{r}{h}x$ 为半径, $\mathrm{d}x$ 为高的圆柱体积, 从而得体积元素 $\mathrm{d}V = \pi\left(\dfrac{r}{h}x\right)^2 \mathrm{d}x$.

③积分得圆锥体积

$$V = \int_0^h \mathrm{d}V = \pi\int_0^h \left(\frac{r}{h}x\right)^2 \mathrm{d}x = \frac{\pi r^2}{h^2} \cdot \frac{x^3}{3}\Big|_0^h = \frac{1}{3}\pi r^2 h$$

2.5 微积分实验

学习任务

知识目标:1. 掌握 MATLAB 基础知识

2. 掌握用 MATLAB 软件作函数图形

3. 掌握用 MATLAB 软件求函数极限

4. 掌握用 MATLAB 软件求函数导数

5. 掌握用 MATLAB 软件求函数积分

能力目标:1 能掌握 MATLAB 基础知识

2. 能运用 MATLAB 软件作函数图形

3. 能运用 MATLAB 软件求函数极限

4. 能运用 MATLAB 软件求函数导数

5. 能运用 MATLAB 软件求函数积分

学习重点:MATLAB 软件的基础知识;用软件求函数的极限、导数、积分.

学习难点:用软件求函数的极限、导数、积分.

2.5.1 数学软件 MATLAB 简介

MATLAB 是美国 MathWorks 公司推出的一套高性能数值计算的可视化软件,它集数值分析、矩阵计算、信号处理和图形显示于一体,构成一个使用方便、界面友好的用户环境. 在这个环境下,用户只需简单地列出数学表达式,结果便可以数值或图形方式显示在计算机屏幕上.

MATLAB 是矩阵实验室(Matrix Laboratory)的简称. 20 世纪 70 年代,美国新墨西哥大学计算机系主任 Cleve Moler ,为学生设计了一组调用 LINPACK 和 EISPACK 程序库(代表当时矩阵计算的最高水平)的通用接口,并取名为 MATLAB. 1984 年由 Little、Moler、Steve Bangert 合作成立了的 MathWorks 公司正式把 MATLAB 推向市场. MATLAB 经过不断完善和扩充,形成了不同版本,如今已成为数学实验课程的标准工具,也成为其他许多领域的实用工具.

2.5.2 MATLAB 基本知识

（1）命令窗口

桌面平台包括 6 个窗口（主窗口、命令窗口、历史窗口、当前目录窗口、发行说明书窗口、工作间管理窗口）；

①主窗口：用于整体环境参数的设置，主要包括 6 个下拉菜单、10 个按钮控件；

②命令窗口：" > >"为运算提示符，表示 matlab 正处在准备状态；输入运算式并按［ENTER］键后将计算结果；

③历史窗口：保留自安装起所有命令的历史记录，双击某一行命令，即在命令窗口执行该行命令；

④当前目录窗口：显示或改变当前目录；

⑤发行说明书窗口：说明用户拥有的 Mathworks 公司产品的工具包、演示以及帮助信息；

⑥工作间管理窗口：将显示目前内存中所有的 MATLAB 变量名、数据结构、字节数及类型，其工具栏由 4 个按钮控件和 1 个下拉菜单组成.

a. 运行 MATLAB 程序时，程序中的变量被加入工作空间；一个程序中的运算结果以变量形式保存在工作空间，可被别的程序利用.

b. 整个工作空间中的变量名和变量值随时可被查看；所有变量可保存到一个文件中，并可重新调入当前工作空间.

c. 在命令窗口中键入 who 和 whos 命令可以查看当前工作空间中的所有变量；clear 可以删除工作空间中的变量.

（2）帮助系统

帮助系统包括联机帮助系统、命令窗口查询帮助系统、联机演示系统.

①联机帮助系统：? 按钮、［HELP］下拉菜单、命令：Helpwin 进入帮助窗口、Helpdesk 进入帮助台、doc 自动定位到相应函数；

②命令窗口查询帮助：

a. Help 系列：Help、Help + 函数（类）名.

Help：最为常用，将显示当前的帮助系统中所包含的所有项目；

Help + 函数（类）名：最有用，可辅助用户进行深入学习.

b. lookfor 函数：根据用户提供的关键字搜索到相关函数，当不知道确切函数名时使用该命令.

c. 其他帮助命令：exist 变量检验；what 目录中文件列表；who 内存变量列表；whos 内存变量详细信息；which 确定文件位置.

③联机演示系统：菜单［help］→［demos］或 demos 命令.

2.5.3 函数与作图

（1）实验目的与要求

①学习 MATLAB 软件的启动和退出，掌握 MATLAB 的绘图语句.

②从图形上认识一元函数并观察其特性.

（2）实验使用的软件

MATLAB7.0 版本

1）MATLAB 的启动与退出

在 Windows 环境下安装好 MATLAB 用鼠标双击 MATLAB 图标即可进入 MATLAB.

在启动 MATLAB 后，界面将显示"｜"，表示 Matlab 已经准备好，正等待用户输入命令. 这时，在提示符"｜"后面键入命令，再按下回车键，Matlab 就会解释执行所输入的命令，并在命令后面输出运算结果. 如果在输入命令后以分号结束，则不会显示结果.

退出 Matlab 系统的方式有两种：

①在文件菜单（File）中选择"Exit"按钮；

②用鼠标单击窗口右上角关闭图标"×".

2）本实验所用运算符号、函数及其意义

①算数运算符号。"＋"加、"－"减、"＊"乘、"/"除、"^"指数.

②数学函数。

abs(x)	x 的绝对值
sqrt(x)	x 开平方
exp(x)	e 的 x 次方
log(x)	以 e 为底 x 的对数，即自然对数
log2(x)	以 2 为底 x 的对数
log10(x)	以 10 为底 x 的对数
sign(x)	符号函数
sin(x),cos(x),tan(x),cot(x)	三角函数
asin(x),acos(x),atan(x),acot(x)	反三角函数

③常量。

pi	$\pi = 3.141\ 592\ 6\cdots\cdots$
exp(1)	$e = 2.718\ 28\cdots\cdots$
inf	∞

（3）学习软件 MATLAB 的命令

对于平面曲线，常见的有三种表示形式，即以直角坐标方程 $y = f(x), x \in [a,b]$，以参数方程 $\begin{cases} x = x(t) \\ y = y(t) \end{cases}, t \in [a,b]$ 和以极坐标 $r = r(\varphi), \varphi \in [a,b]$ 表示.

MATLAB 中主要用 plot，fplot，plot3 三种命令绘制不同的曲线.

1）plot(x,y,选项)

功能：在平面直角坐标系中作出函数 $y = f(x)$ 的图像，选项可缺省（同下）.

2）plot(x1,y1,选项,x2,y2,选项,…,xn,yn,选项)

功能：在同一坐标系中作出函数 $y_1 = f(x_1), y_2 = f(x_2), \cdots, y_n = f(x_n)$ 的图像.

3）fplot('fun',[a,b])

功能：作出函数 fun 在区间[a,b]上的函数图.

4）plot3(x,y,z)

功能：空间曲线图，其中 x,y,z 为同维数的向量.

（4）实验内容

①利用绘图命令作出 $f(x) = \sqrt{3-x} + \sin\dfrac{1}{x}$ 的图像.

②在同一坐标系中作出函数 $y = \sin x, y = \sin 2x$ 的图像.

③作出参数方程 $\begin{cases} x = \cos t \\ y = \sin t \end{cases}, t \in [0, 2\pi]$ 的图像.

④作出以极坐标方程 $r = a(1 + \cos\varphi), a = 1, \varphi \in [0, 2\pi]$ 表示的心脏线.

⑤作出参数方程 $\begin{cases} x = 2\cos t \\ y = 2\sin t, t \in [0, 6\pi] \\ z = 0.3t \end{cases}$ 的图像.

（5）实验过程

1）在文档窗口输入命令

$\gg x = [-2:0.01:2];$

$\gg y = \mathrm{sqrt}(3-x) + \sin(\dfrac{1}{x});$

$\gg \mathrm{plot}(x, y)$

输出结果为图 2.14.

图 2.14

也可以 fplot 命令

$\gg \mathrm{clear}\%$ 清除内存中的变量

$\gg \mathrm{fplot}('\mathrm{sqrt}(3-x) + \sin(\dfrac{1}{x})', [-3, 3])$

输出结果为图 2.15.

2）在文档窗口输入命令

$\gg x1 = [-\mathrm{pi}:0.001:\mathrm{pi}]; x2 = [-\mathrm{pi}:0.001:\mathrm{pi}];$

$\gg y1 = \sin(x1); y2 = \sin(2*x2);$

$\gg \mathrm{plot}(x1, y1, x2, y2, '-.')$

输出结果为图 2.16.

图 2.15

图 2.16

3）在文档窗口输入命令

>> t = [0:2 * pi/30:2 * pi];

>> x = cos(t); y = sin(t);

>> plot(x,y,z)

输出结果为图 2.17.

4）在文档窗口输入命令

>> t = [0:2 * pi/30:2 * pi];

>> r = 1 + cos(t);

>> x = r. * cos(t); y = r. * sin(t);   % 极坐标转化为直角坐标

>> plot(x,y)

输出结果为图 2.18.

图 2.17

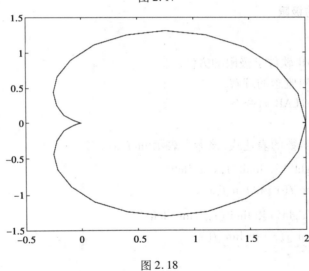

图 2.18

5）在文档窗口输入命令

$>>$ t = [0:2 * pi/30:6 * pi]；

$>>$ x = 2 * cos(t)；y = 2 * sin(t)；z = 0.3 * t；

$>>$ plot3(x,y,z)

输出结果为图 2.19.

（6）练习内容

①利用软件 MATLAB 作出下列函数的图像.

a. $y = \cos 2x$，　b. $\begin{cases} x = \sin^3 t \\ y = \cos^3 t \end{cases}, t \in [0, 2\pi]$.

②绘制极坐标系下曲线 $\rho = a \cos(b + n\theta)$，（1）$a = 2, b = \dfrac{\pi}{4}, n = 2$.（2）$a = 2, b = 0, n = 3$.

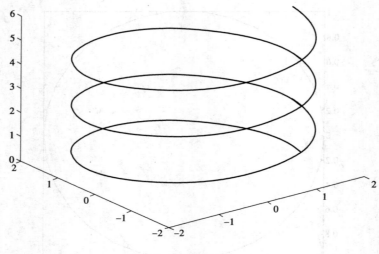

图 2.19

③作出参数方程 $x = 2\cos t, y = b\sin t, z = ct, t \in [0, 20]$ 的图像.

2.5.4 求函数的极限

(1)实验目的

①掌握用 MATLAB 软件求极限的方法.

②加深对函数极限概念的理解.

(2)学习软件 MATLAB 的命令

1)limit(f,x,a)

功能:f 是数列或函数的表达式,该命令表示 $\lim\limits_{x \to a} f(x)$.

2)limit(f,x,a,'right') 和 limit(f,x,a,'left')

功能:分别表示 $\lim\limits_{x \to a^+} f(x)$ 和 $\lim\limits_{x \to a^-} f(x)$.

3)limit(f,x,inf ,'right') 和 limit(f,x,inf,'left')

功能:分别表示 $\lim\limits_{x \to +\infty} f(x)$ 和 $\lim\limits_{x \to -\infty} f(x)$.

(3)实验内容

①观察函数 $f(x) = x\sin\dfrac{1}{x}$,$f(x) = \dfrac{\sin x}{x}$ 及 $f(x) = \sin\dfrac{1}{x}$ 当 $x \to 0$ 时的变化趋势,体会函数极限的定义.

②求下列函数的极限.

a. $\lim\limits_{x \to 0^+} \dfrac{1}{x}$ b. $\lim\limits_{x \to \infty} \dfrac{x^2 - 1}{4x^2 - 7x + 1}$ c. $\lim\limits_{x \to 0} \dfrac{\tan x - \sin x}{x^3}$

(4)实验过程

1)在文档窗口输入命令

>> x = [-3 : 0.01 : 3];

>> y = x. * sin(1./x);

>> plot(x,y)

输出结果为图 2.20.

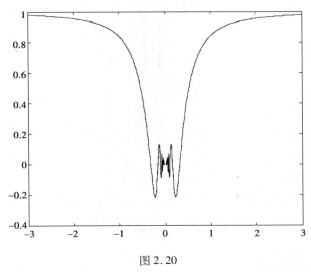

图 2.20

在文档窗口输入命令

$>>$ x = [-100 : 0.01 : 100] ;

$>>$ y = sin(x) ./ x ;

$>>$ plot(x,y)

输出结果为图 2.21.

图 2.21

在文档窗口输入命令

$>>$ x = [-1 : 0.01 : 1] ;

$>>$ y = sin(1. /x) ;

$>>$ plot(x,y)

输出结果为图 2.22.

观察函数图像的变化趋势,得到函数的极限.

图 2.22

2）在文档窗口输入命令

① >> syms x   %声明变量

 >> limit(1/x,x,0,'right')

ans = Inf

② >> syms x

 >> limit((x^2 - 1)/(4 * x^2 - 7 * x + 1),x,inf)

ans = 1/4

③ >> syms x

 >> limit((tan(x) - sin(x))/(x^3),x,0)

ans = 1/2

（5）练习内容

利用软件 MATLAB 求下列函数的极限：

① $\lim\limits_{x \to 0^-} \dfrac{1}{x}$；

② $\lim\limits_{x \to 0} \dfrac{\sin 3x}{5x}$；

③ $\lim\limits_{x \to \infty} \left(1 + \dfrac{1}{x}\right)^x$；

④ $\lim\limits_{x \to +\infty} x(\sqrt{x^2 + 1} - x)$.

2.5.5　求函数的导数

（1）实验目的

①进一步理解导数的概念及其几何意义.

②学习 MATLAB 的求导函数和求导方法.

（2）学习软件 MATLAB 的命令

1）diff(f(x))

功能：求函数 $f(x)$ 的一阶导数 $f'(x)$

2）diff(f(x),n)

功能：求 $f(x)$ 的 n 阶导数 $f^{(n)}(x)$

3）diff($f(x,y)$,x)和 diff($f(x,y)$,y)

功能:分别求 $f(x,y)$ 对 x 的偏导数 $\dfrac{\mathrm{d}f}{\mathrm{d}x}$ 和 $f(x,y)$ 对 y 的偏导数 $\dfrac{\mathrm{d}f}{\mathrm{d}y}$.

（3）实验内容

①求下列函数的导数.

a. $y = x^3 + \cos x + \ln 2$；　　　b. $y = 4^{\sin x}$

②求函数 $y = x^3$ 在 $x = 1$ 点处的导数.

③求函数 $y = \sin x$ 的二阶导数.

④求下列方程所确定的函数 $y = f(x)$ 的导数 $\dfrac{\mathrm{d}y}{\mathrm{d}x}$.

a. $x \cos x = \sin(x + y)$；　　　b. $\begin{cases} x = t - \sin t \\ y = 1 - \cos t \end{cases}$

（4）实验过程

1）① >> syms x

　　　 >> diff(x^3 + cos(x) + log(2))

　　　 ans = 3 * x^2 − sin(x)

　　② >> syms x

　　　 >> diff(4^sin(x))

　　　 ans = 2 * 4^sin(x) * cos(x) * log(2)

2） >> syms x

　　 >> diff(x^3)

　　 ans = 3 * x^2

　　 >> x = 1

　　 x = 1

　　 >> 3 * x^2

　　 ans = 3

3） >> syms x

　　 >> diff(sin(x),2)

　　 ans = − sin(x)

4）① >> syms x y

　　　 >> f = x * cos(x) − sin(x + y);

　　　 >> dfx = diff(f,x);

　　　 >> dfy = diff(f,y);

　　　 >> dyx = − dfx/dfy

　　　 dyx = − (− cos(x) + x * sin(x) + cos(x + y))/cos(x + y)

　　② >> syms t

　　　 >> x = t − sin(t);

　　　 >> y = 1 − cos(t);

　　　 >> dx = diff(x,t);

```
>> dy = diff(y,t);
>> dy/dx
ans = sin(t)/(1 - cos(t))
```

（5）练习内容

①利用软件 MATLAB 求下列函数的导数：

a. $y = \sin(2^x)$;　　　　　　　b. $\ln^2 x^3$;

c. $y = x^2 \sin \dfrac{1}{x}$;　　　　　　d. $y = e^{\sin x}$.

②求由方程组 $\sin(xy) + xy^2 = 0$ 确定的隐函数的导数.

③求函数 $y = (1 + x^2)\arctan x$ 的二阶导数.

④求参数方程 $\begin{cases} x = 3\cos t \\ y = 4\sin t \end{cases}$ 的导数.

2.5.6　求函数的积分

（1）实验目的

①加深理解积分的概念和几何意义.

②学习并掌握 MATLAB 计算积分的语句.

（2）学习软件 Matlab 的命令

1）$\mathrm{int}(f(x))$

功能：计算不定积分 $\int f(x)\,\mathrm{d}x$.

2）$\mathrm{int}(f(x),x,a,b)$

功能：计算定积分 $\int_a^b f(x)\,\mathrm{d}x$.

（3）实验内容

①求下列函数的不定积分

a. $\displaystyle\int \dfrac{1}{x^2}\mathrm{d}x$;　　　　　　b. $\displaystyle\int \sin x \cos x\,\mathrm{d}x$

②求下列函数的定积分

a. $\displaystyle\int_{-1}^{1} (x^2 + 3)^{\frac{1}{2}}\mathrm{d}x$;　　　　b. $\displaystyle\int_0^1 x \arctan x\,\mathrm{d}x$

③求曲线 $g(x) = x\sin^2 x (0 \leqslant x \leqslant \pi)$ 与 x 轴所围成的图形分别绕 x 轴和 y 轴旋转所围成的旋转体的体积.

（4）实验过程

```
1)①>>   syms x
>> f = 1/x^2;
>> int(f)
ans = -1/x
```

可知 $\displaystyle\int \dfrac{1}{x^2}\mathrm{d}x = -\dfrac{1}{x} + c$，其中 c 为常数.

② ＞＞ syms x

　　＞＞ f = sin(x) * cos(x)

　　＞＞ int(f)

　　ans = 1/2 * sin(x)^2

可知 $\int \sin x \cos x \mathrm{d}x = \dfrac{1}{2}\sin^2 x + c$，其中 c 为常数.

2）① ＞＞ syms x

　　　＞＞ f = sqrt(x^2 + 3)

　　　＞＞ int(f,x, - 1,1)

　　　ans = 2 + 3/2 * log(3)

② ＞＞ syms x

　　＞＞ f = x * atan(x) ;

　　＞＞ int(f,0,1)

　　ans = 1/4 * pi - 1/2

3）若绕 x 轴旋转，体积 $V = \displaystyle\int_0^\pi \pi g^2(x)\,\mathrm{d}x$

　＞＞ syms x

　＞＞ f = pi * x^2 * sin(x)^4 ;

　＞＞ int(f,x,0,pi)

　ans = - 15/64 * pi^2 + 1/8 * pi^4

若绕 y 轴旋转，体积 $V = \displaystyle\int_0^\pi 2\pi x g(x)\,\mathrm{d}x$

　＞＞　syms x

　＞＞ f = 2 * pi * x^2 * sin(x)^2 ;

　＞＞ int(f,x,0,pi)

　ans = - 1/2 * pi^2 + 1/3 * pi^4

（5）练习内容

1）利用软件 MATLAB 求下列函数的不定积分

① $\displaystyle\int \dfrac{1}{1 + \cos 2x}\mathrm{d}x$；　　　　② $\displaystyle\int \mathrm{e}^{-2x}\sin 3x\mathrm{d}x$

2）利用软件 MATLAB 求下列函数的定积分

① $\displaystyle\int_1^e \dfrac{1 + \ln x}{x}\mathrm{d}x$；　　　　　② $-\displaystyle\int_0^1 \sin\sqrt[6]{x}\,\mathrm{d}x$

练习题

1. 选择题

（1）设函数 $f\left(\dfrac{1}{x}\right) = \left(\dfrac{x + 1}{x}\right)^2$，则 $f(x) = ($ 　　　）.

A. $\left(\dfrac{x}{1+x}\right)^2$ B. $\left(\dfrac{x+1}{x}\right)^2$ C. $(1+x)^2$ D. $(1-x)^2$

（2）下列函数中,基本初等函数是(　　).

A. $y = e^{x^2}$ B. $y = \sqrt{x}$ C. $y = 2x + \cos x$ D. $y = \ln(1+x)$

（3）设函数 $f(x) = \begin{cases} x + 2 & -\infty < x < 0 \\ 2^x & 0 \leqslant x \leqslant 2 \\ (x-2)^3 & 2 \leqslant x < +\infty \end{cases}$,则等式(　　)成立.

A. $f(-1) = f(0)$ B. $f(-1) = f(1)$ C. $f(1) = f(3)$ D. $f(2) = f(3)$

（4）设函数 $f(x) = \dfrac{|x|}{x}$,则 $\lim\limits_{x\to 0} f(x)$ 是(　　).

A. -1 B. 0   C. 1   D. 不存在

（5）函数 $y = \ln(1+x)$ 为无穷小量的条件是(　　).

A. $x \to -1^+$ B. $x \to 0$ C. $x \to 1$ D. $x \to +\infty$

（6）若极限 $\lim\limits_{\Delta x\to 0} \dfrac{f(x_0 - \Delta x) - f(x_0)}{\Delta x} = A(A \neq 0)$,则(　　).

A. $f'(x_0) = A$ B. $f'(x_0) = -A$ C. $f'(x_0) = 2A$ D. $f'(x_0) = -2A$

（7）设函数 $f(x)$ 与 $g(x)$ 有 $f'(x) = g'(x)$,以下说法错误的是(　　).

A. $f(x)$ 和 $g(x)$ 的变化率相同   B. $f(x)$ 不一定等于 $g(x)$

C. $f(x)$ 和 $g(x)$ 有同一切线   D. $f(x)$ 和 $g(x)$ 的切线成零度的角

（8）若 $y = x^n$,则 $y^{(n+1)}$(　　).

A. 0   B. $n!$ C. $(n-1)! \, x$ D. 不存在

（9）下列函数中(　　)的导数等于 $\dfrac{1}{2}\sin 2x$.

A. $\dfrac{1}{2}\sin^2 x$ B. $\dfrac{1}{4}\cos 2x$ C. $\dfrac{1}{2}\cos^2 x$ D. $1 - \dfrac{1}{2}\cos 2x$

（10）若 $\dfrac{\mathrm{d}}{\mathrm{d}x} f\left(\dfrac{1}{x^2}\right) = \dfrac{1}{x}$,则 $f'\left(\dfrac{1}{2}\right) = $(　　).

A. $\dfrac{1}{\sqrt{2}}$ B. -1 C. 2   D. -4

（11）设函数 $f(x)$ 可导,则 $\dfrac{\mathrm{d}}{\mathrm{d}x}\displaystyle\int f(x)\,\mathrm{d}x$(　　).

A. $f(x)$ B. $f(x) + c$ C. $f'(x)$ D. $f'(x) + c$

（12）如果 $F(x)$ 与 $G(x)$ 都是 $f(x)$ 的原函数,那么 $\displaystyle\int [F(x) - G(x)]\,\mathrm{d}x = $(　　).

A. 零   B. 常数   C. 一次函数   D. 不存在

（13）若 $\displaystyle\int f(x)\,\mathrm{d}x = 2\sin\dfrac{x}{2} + c$,则 $f(x) = $(　　).

A. $\cos\dfrac{x}{2} + c$ B. $\cos\dfrac{x}{2}$ C. $2\cos\dfrac{x}{2} + c$ D. $2\sin\dfrac{x}{2}$

（14）设 $f(x)$ 的一个原函数是 $F(x) = x^2 - 2$,那么 $f(x)$ 为(　　).

A. $\dfrac{1}{3}x^3 - 2x$ 　　　 B. $\dfrac{1}{3}x^3 - 2x + c$ 　　 C. $2x + c$ 　　　 D. $2x$

（15）计算 $\displaystyle\int f'\left(\dfrac{1}{x}\right)\dfrac{1}{x^2}\mathrm{d}x$ 的结果中正确的是（　　）.

A. $f\left(-\dfrac{1}{x}\right) + c$ 　　 B. $-f\left(-\dfrac{1}{x}\right) + c$ 　　 C. $f\left(\dfrac{1}{x}\right) + c$ 　　　 D. $-f\left(\dfrac{1}{x}\right) + c$

（16）已知 $\displaystyle\int_1^3 f(x)\,\mathrm{d}x = 3,\displaystyle\int_2^3 f(x)\,\mathrm{d}x = 5,$ 则 $\displaystyle\int_1^2 f(x)\,\mathrm{d}x($ 　　 $).$

A. 8 　　　　　 B. -8 　　　　　 C. 2 　　　　　 D. -2

（17）下列积分中,值为零的是（　　）.

A. $\displaystyle\int_{-1}^1 x^2\,\mathrm{d}x$ 　　 B. $\displaystyle\int_{-1}^2 x^3\,\mathrm{d}x$ 　　　 C. $\displaystyle\int_{-1}^1 \mathrm{d}x$ 　　　 D. $\displaystyle\int_{-1}^1 x^2\sin x\,\mathrm{d}x$

（18）若 $\displaystyle\int_0^1 (2x + k)\,\mathrm{d}x = 2,$ 则 $k = ($ 　　 $).$

A. 0 　　　　　 B. -1 　　　　　 C. 1 　　　　　 D. $\dfrac{1}{2}$

（19）设 $f(x)$ 在 $[-a,a]$ 上可积,则定积分 $\displaystyle\int_{-a}^a f(-x)\,\mathrm{d}x = ($ 　　 $).$

A. 0 　　　　 B. $2\displaystyle\int_0^a f(x)\,\mathrm{d}x$ 　　 C. $-\displaystyle\int_{-a}^a f(x)\,\mathrm{d}x$ 　　 D. $\displaystyle\int_{-a}^a f(x)\,\mathrm{d}x$

（20）下列广义积分收敛的是（　　）.

A. $\displaystyle\int_1^{+\infty} \dfrac{1}{\sqrt{x}}\mathrm{d}x$ 　　 B. $\displaystyle\int_1^{+\infty} \dfrac{1}{x}\mathrm{d}x$ 　　 C. $\displaystyle\int_1^{+\infty} \dfrac{\mathrm{d}x}{x^2}$ 　　 D. $\displaystyle\int_1^{+\infty} \sqrt{x}\,\mathrm{d}x$

2. 填空题

（1）设函数 $y = \arcsin u,u = 3^v,v = \sqrt{x},$ 则 y 表示为 x 的复合函数是_____.

（2）函数 $y = \ln\tan x^2$ 是由函数_____、_____、_____复合而成.

（3）若 $\displaystyle\lim_{x\to 0}\dfrac{\sin kx}{2x} = 5,$ 则 $k =$ _____.

（4）若 $\displaystyle\lim_{x\to\infty}\left(1 - \dfrac{k}{x}\right)^{3x} = \mathrm{e}^6,$ 则 $k =$ _____.

（5）函数 $f(x) = \begin{cases} 0 & x < 0 \\ 2x & 0 \leqslant x < 2 \end{cases},$ 则 $f(-1) =$ _____ $f\left(\dfrac{1}{4}\right)$ _____.

（6）若曲线 $y = f(x)$ 在点 (x_0,y_0) 处有平行于 x 轴的切线,则有 $f'(x_0) =$ _____. 若有垂直于 x 轴的切线,则有 $f'(x_0) =$ _____.

（7）设质点运动方程为 $s = 2t^2 + t,$ 当 $t = 1$ 时速度为_____,加速度为_____.

（8）设函数 $y = f(x)$ 是线性函数,已知 $f(0) = 1,f(1) = -3$ 则该函数的导数 $f'(x) =$ _____.

（9）半径为 R 的金属圆片,加热后半径伸长了 $\Delta R,$ 则面积 S 的微分 $\mathrm{d}S =$ _____.

（10）设 $y = f(u),u = \mathrm{e}^x,$ 且 $f(u)$ 可导,则 $\mathrm{d}y =$ _____.

（11）d _____ $= \dfrac{1}{1+x}\mathrm{d}x$

（12）d _____ $= \mathrm{e}^{-2x}\mathrm{d}x$

（13）d _____ = sin ωxdx

（14）d _____ = sec^{2}2xdx

（15）$\int f'(x)$dx = _____.

（16）设 $f(x)$ 是函数 $\cos x$ 的一个原函数，则 $\int f(x)$dx = _____.

（17）设 $f'(x) = 3$，且 $f(0) = 0$，则 $\int x f(x)$dx = _____.

（18）若 $\int f(x)$dx = $F(x) + c$，则 $\int f(2x - 3)$dx = _____.

（19）设 $f(x) = e^{-x}$，则 $\int \dfrac{f'(\ln x)}{x}dx$ = _____.

（20）若 $a < b < c$，则 $\int_a^b f(x)$dx = $\int_a^c f(x)$dx + _____.

（21）$\dfrac{d}{dx}\int_0^{\frac{\pi}{2}} 4\sin^4 xdx$ = _____.

（22）$\int_{-3}^3 \dfrac{x}{2x^4 + x^2 + 1}dx$ = _____.

（23）若 a = _____，b = _____，则有 $\int_0^1 e^x f(e^x)$dx = $\int_a^b f(t)$dt.

（24）若广义积分 $\int_{-\infty}^0 \dfrac{k}{1 + x^2}dx$ = $\dfrac{1}{2}$，则常数 k = _____.

3. 指出下列复合函数的复合过程

（1）$y = \sqrt{1 - x^2}$　（2）$y = \cos \dfrac{3}{2} x$　（3）$y = \ln \sin^2 x$　（4）$y = \tan^2(x + 1)$

4. 讨论下列函数在指定点的极限是否存在

（1）$y = 2^{\frac{1}{x}}$，当 $x \to 0$ 时.

（2）$f(x) = \begin{cases} 2x & x < 1 \\ 1 + x^2 & x \geq 1 \end{cases}$，当 $x \to 1$ 时.

5. 计算下列各极限

（1）$\lim\limits_{x \to 2}(-2)$

（2）$\lim\limits_{x \to -2}\dfrac{x + 2}{x^2 - 1}$

（3）$\lim\limits_{x \to 4}\dfrac{x^2 - 16}{x - 4}$

（4）$\lim\limits_{x \to 9}\dfrac{\sqrt{x} - 3}{x - 9}$

（5）$\lim\limits_{x \to 1}\dfrac{x^2 - 2x + 1}{x^3 - x}$

（6）$\lim\limits_{x \to 0}\dfrac{(x + h)^3 - x^3}{h}$

（7）$\lim\limits_{x \to \infty}\dfrac{3x^3 - 2x + 1}{8 - x^3}$

（8）$\lim\limits_{n \to \infty}\dfrac{n^2(n + 1)}{(n + 2)(n + 3)}$

（9）$\lim\limits_{x \to 0}\dfrac{3x + x^2 - 3x^3}{2x - 4x^2 + x^4}$

（10）$\lim\limits_{n \to \infty}\left(1 + \dfrac{1}{2} + \dfrac{1}{4} + \cdots + \dfrac{1}{2^n}\right)$

6. 计算下列各极限

$(1) \lim\limits_{x \to 0} \dfrac{\sin 3x}{\tan 2x}$

$(2) \lim\limits_{x \to 0} x \cot 2x$

$(3) \lim\limits_{x \to \infty} x \sin \dfrac{1}{3x}$

$(4) \lim\limits_{x \to 1} \dfrac{x^2 - x}{\sin(x-1)}$

$(5) \lim\limits_{x \to 0} (1 + 2x)^{\frac{2}{x}}$

$(6) \lim\limits_{x \to \infty} \left(1 - \dfrac{3}{x}\right)^x$

$(7) \lim\limits_{x \to \infty} \left(\dfrac{2+x}{x}\right)^{2x}$

$(8) \lim\limits_{x \to 0} (1 + \tan x)^{\cot x}$

7. 求下列函数的导数

$(1) y = \pi^x + x^\pi + \cos \pi$

$(2) y = x^2 (2 + \sqrt{x})$

$(3) y = (1 + x^2) \sin x$

$(4) y = \dfrac{x \sin x}{1 + \cos x}$

8. 求下列函数在给定点处的导数

$(1) y = x^5 + 3 \sin x$，求 $y' \big|_{x=0}$，$y' \big|_{x=\frac{\pi}{2}}$.

$(2) f(x) = \dfrac{3}{5-x} + \dfrac{x^2}{5}$，求 $f'(0)$，$f'(2)$.

$(3) \rho = \theta \sin \theta + \dfrac{1}{2} \cos \theta$，求 $\dfrac{d\rho}{d\theta} \Big|_{\theta = \frac{\pi}{4}}$.

$(4) f(t) = \dfrac{1 - \sqrt{t}}{1 + \sqrt{t}}$，求 $f'(4)$.

9. 在曲线 $y = 2 + x - x^2$ 上的哪些点(1)切线平行于 x 轴;(2)切线平行于第 I 象限的角平分线.

10. 求下列函数的导数

$(1) y = (2x + 5)^4$

$(2) y = \ln(1 + x^2)$

$(3) y = \sqrt{a^2 - x^2}$

$(4) y = 2^{\frac{x}{\ln x}}$

$(5) y = e^{\arctan \sqrt{x}}$

$(6) y = \ln \tan \dfrac{x}{2}$

11. 求下列隐函数的导数

$(1) y^2 + 2xy + a^2 = 0$

$(2) y = 1 + xe^y$

12. 求下列函数的高阶导数

$(1) y = xe^x$，求 y''

$(2) y = (1 + x^2) \arctan x$，求 y''

$(3) y = \dfrac{1}{x}$，求 $y^{(n)}$

13. 求下列函数的微分

$(1) y = \dfrac{1}{x} + 2\sqrt{x}$

$(2) y = x \sin 2x$

$(3) y = \dfrac{1 - \sin x}{1 + \sin x}$

$(4) y = \tan^2(1 + x^2)$

14. 用洛必达法则求极限

$(1)\lim\limits_{x\to 0}\dfrac{e^x-e^{-x}}{\sin x}$

$(2)\lim\limits_{x\to 1}\dfrac{x^3-3x^2+2}{x^3-x^2-x+1}$

$(3)\lim\limits_{x\to 0}\dfrac{\ln(1+x)}{x}$

$(4)\lim\limits_{x\to +\infty}\dfrac{x^3}{e^x}$

15. 计算下列不定积分

$(1)\displaystyle\int x\sqrt{x}\,dx$

$(2)\displaystyle\int a^x e^x\,dx$

$(3)\displaystyle\int\dfrac{dh}{\sqrt{2gh}}$（$h$ 为常数）

$(4)\displaystyle\int\left(\dfrac{3}{1+x^2}-\dfrac{2}{\sqrt{1-x^2}}\right)dx$

$(5)\displaystyle\int\dfrac{x^2}{1+x^2}dx$

$(6)\displaystyle\int\dfrac{\cos 2x}{\cos^2 x\,\sin^2 x}dx$

16. 一物体以速度 $v=3t^2+4t$（m/s）作直线运动，$t=2$ s 时，物体经过的路程 $s=16$ m，试求物体运动规律？

17. 计算下列不定积分

$(1)\displaystyle\int\sin\dfrac{t}{3}\,dt$

$(2)\displaystyle\int\dfrac{dx}{1-2x}$

$(3)\displaystyle\int\dfrac{x}{\sqrt{x^2-2}}dx$

$(4)\displaystyle\int\dfrac{\sin x}{\cos^2 x}dx$

$(5)\displaystyle\int\dfrac{e^x\,dx}{\sqrt{1-e^{2x}}}$

$(6)\displaystyle\int\dfrac{2x-1}{1+x^2}dx$

$(7)\displaystyle\int\cos^3 x\,dx$

$(8)\displaystyle\int\cos^2(\omega t+\varphi)\,dx$

$(9)\displaystyle\int\dfrac{dx}{1+\sqrt{2x}}$

$(10)\displaystyle\int\dfrac{x^2}{\sqrt{9-x^2}}dx$

$(11)\displaystyle\int\dfrac{dx}{\sqrt{(x^2+1)^3}}$

$(12)\displaystyle\int\dfrac{\sqrt{x^2-9}}{x}dx$

18. 计算下列不定积分

$(1)\displaystyle\int x\sin x\,dx$

$(2)\displaystyle\int xe^{-x}\,dx$

$(3)\displaystyle\int\arcsin x\,dx$

$(4)\displaystyle\int x\ln x\,dx$

$(5)\displaystyle\int x^5\sin x^2\,dx$

$(6)\displaystyle\int x\sin x\cos x\,dx$

19. 计算下列定积分

$(1)\displaystyle\int_1^2\left(x^2-\dfrac{1}{x^4}\right)dx$

$(2)\displaystyle\int_0^1\dfrac{dx}{\sqrt{4-x^2}}$

$(3)\displaystyle\int_{-e-1}^{-2}\dfrac{dx}{1+x}$

$(4)\displaystyle\int_{-1}^2 |x|\,dx$

$(5)\displaystyle\int_1^4\dfrac{dx}{1+\sqrt{x}}$

$(6)\displaystyle\int_1^{e^2}\dfrac{dx}{x\sqrt{1+\ln x}}$

（7）$\displaystyle\int_1^2 \frac{e^{\frac{1}{x}}}{x^2}dx$　　　　（8）$\displaystyle\int_0^1 xe^{-x}dx$

（9）$\displaystyle\int_0^{\frac{\pi}{2}} (x - x\sin x)dx$　　　　（10）$\displaystyle\int_0^1 x\arctan x dx$

（11）$\displaystyle\int_{-\infty}^{+\infty} \frac{dx}{1 + x^2}$　　　　（12）$\displaystyle\int_e^{+\infty} \frac{dx}{x\ln x}$

20. 计算由下列各曲线围成图形的面积

（1）$y = \dfrac{1}{x}$ 与直线 $y = x$ 及 $x = 2$.

（2）$y = x^2$ 与直线 $y = 2x + 3$.

（3）$y = 2x^2$ 与 $y = x^2$.

（4）$y^2 = 2x$ 与直线 $2x + y - 2 = 0$.

21. 计算由下列曲线所围成的图形绕指定轴旋转所得旋转体的体积.

（1）椭圆 $\dfrac{x^2}{a^2} + \dfrac{y^2}{b^2} = 1$；绕 x 轴.

（2）$y = x^3, x = 1, y = 0$；绕 y 轴.

22. 已知弹簧每拉长 0.02 m 要用 9.8 N 的力，求把弹簧拉长 0.1 m 所作的功.

23. 有一矩形闸门，它的尺寸如图 2.23 所示，求当水面超过门顶 1 m 时，闸门上所受的水压力.

图 2.23

第 **3** 章
线性代数

在计算机科学及其他领域中,线性代数是必不可少的理论基础,它在研究变量之间的线性关系上有着重要的应用,而行列式和矩阵又是解决线性代数问题的基本工具.

3.1 行列式

学习任务

知识目标:1. 掌握二、三阶行列式的定义及计算规则;

2. 掌握 n 阶行列式的定义及计算规则;

3. 掌握用克莱姆法则求解线性方程组.

能力目标:1. 能掌握二、三阶行列式的计算规则;

2. 能掌握 n 阶行列式的计算规则;

3. 能用克莱姆法则求解线性方程.

学习重点:二阶、行列式的计算规则;n 阶行列式的计算规则;克莱姆法则.

学习难点:二阶、行列式的计算规则;克莱姆法则.

3.1.1 二、三阶行列式

在中学数学里,我们已经学会了用消元法解二元一次和三元一次线性方程组. 对于二元一次方程组

$$\begin{cases} a_{11}x_1 + a_{12}x_2 = b_1 \\ a_{21}x_1 + a_{22}x_2 = b_2 \end{cases} \tag{1}$$

当 $a_{11}a_{22} - a_{12}a_{21} \neq 0$ 时,方程组(1)的解为

$$\begin{cases} x_1 = \dfrac{a_{22}b_1 - a_{12}b_2}{a_{11}a_{22} - a_{12}a_{21}} \\[2mm] x_2 = \dfrac{a_{11}b_2 - a_{21}b_1}{a_{11}a_{22} - a_{12}a_{21}} \end{cases} \tag{2}$$

仔细观察解的表达式的分母均由(1)中未知数的系数构成,我们把这些系数按原来方程组中的位置写出,用记号

$$\begin{vmatrix} a_{11} & a_{12} \\ a_{21} & a_{22} \end{vmatrix}$$

表示 $a_{11}a_{22}-a_{12}a_{21}$，称为二阶行列式. 即

$$D = \begin{vmatrix} a_{11} & a_{12} \\ a_{21} & a_{22} \end{vmatrix} = a_{11}a_{22} - a_{12}a_{21} \tag{3}$$

（3）式的左端称为二阶行列式的展开式，$a_{ij}(i=1,2;j=1,2)$ 称为行列式的元素，其中 i 表示元素所在的行数，j 表示元素所在的列数. 行列式从左上角到右下角的对角线称为主对角线，从右上角到左下角的对角线称为次对角线. 二阶行列式展开式可叙述为：主对角线上的两个元素之积减去次对角线上的两个元素之积.

利用二阶行列式的概念，（2）式的分子可以分别记为

$$D_1 = \begin{vmatrix} b_1 & a_{12} \\ b_2 & a_{22} \end{vmatrix}, D_2 = \begin{vmatrix} a_{11} & b_1 \\ a_{21} & b_2 \end{vmatrix}$$

因此，当二元一次方程组（1）的系数行列式 $D \neq 0$ 时，它的求解公式为

$$x_1 = \frac{D_1}{D}, x_2 = \frac{D_2}{D}.$$

类似地，为了便于表示三元一次方程组

$$\begin{cases} a_{11}x_1 + a_{12}x_2 + a_{13}x_3 = b_1 \\ a_{21}x_1 + a_{22}x_2 + a_{23}x_3 = b_2 \\ a_{31}x_1 + a_{32}x_2 + a_{33}x_3 = b_3 \end{cases} \tag{4}$$

的解，引进记号

$$D = \begin{vmatrix} a_{11} & a_{12} & a_{13} \\ a_{21} & a_{22} & a_{23} \\ a_{31} & a_{32} & a_{33} \end{vmatrix}$$

表示代数和 $a_{11}a_{22}a_{33} + a_{12}a_{23}a_{31} + a_{13}a_{21}a_{32} - a_{11}a_{23}a_{32} - a_{12}a_{21}a_{33} - a_{13}a_{22}a_{31}$，称为三阶行列式；同时令

$$D_1 = \begin{vmatrix} b_1 & a_{12} & a_{13} \\ b_2 & a_{22} & a_{23} \\ b_3 & a_{32} & a_{33} \end{vmatrix}, D_2 = \begin{vmatrix} a_{11} & b_1 & a_{13} \\ a_{21} & b_2 & a_{23} \\ a_{31} & b_3 & a_{33} \end{vmatrix}, D_3 = \begin{vmatrix} a_{11} & a_{12} & b_1 \\ a_{21} & a_{22} & b_2 \\ a_{31} & a_{32} & b_{33} \end{vmatrix}$$

那么，当系数行列式 $D \neq 0$ 时，方程组（4）的求解公式为

$$x_1 = \frac{D_1}{D}, x_2 = \frac{D_2}{D}, x_3 = \frac{D_3}{D}. \tag{5}$$

三阶行列式的值即三阶行列式的展开式可按"对角线法则"求得（图 3.1）：主对角线上 3 个元素乘积取正号，次对角线上 3 个乘积取负号，然后取这六项之和.

图 3.1

3.1.2　三阶行列式展开式的特点

①共有 31 项,正负各半.

②每项有 3 个元素,分别取自不同的行和列.

例 1　计算下列行列式:

①$\begin{vmatrix} \sin\alpha & -\cos\alpha \\ \cos\alpha & \sin\alpha \end{vmatrix}$;　　　　②$\begin{vmatrix} a & 0 & 0 \\ x & b & 0 \\ y & z & c \end{vmatrix}$.

解　①$\begin{vmatrix} \sin\alpha & -\cos\alpha \\ \cos\alpha & \sin\alpha \end{vmatrix} = \sin^2\alpha + \cos^2\alpha = 1$;

②$\begin{vmatrix} a & 0 & 0 \\ x & b & 0 \\ y & z & c \end{vmatrix} = abc + 0 + 0 - 0 - 0 - 0 = abc.$

主对角线一侧的元素都为零的行列式叫作三角行列式. 由例 1(2)可知,三角行列式的值等于主对角线上的元素之积.

例 2　用行列式解线性方程组

$$\begin{cases} 2x_1 - 3x_2 + x_3 = 0 \\ -3x_1 + 4x_2 - 2x_3 = 1 \\ 5x_1 + x_2 + 4x_3 = -3 \end{cases}$$

解　因为

$$D = \begin{vmatrix} 2 & -3 & 1 \\ -3 & 4 & -2 \\ 5 & 1 & 4 \end{vmatrix} = 7 \neq 0$$

而

$$D_1 = \begin{vmatrix} 0 & -3 & 1 \\ 1 & 4 & -2 \\ -3 & 1 & 4 \end{vmatrix} = 7, D_2 = \begin{vmatrix} 2 & 0 & 1 \\ -3 & 1 & -2 \\ 5 & -3 & 4 \end{vmatrix} = 0, D_3 = \begin{vmatrix} 2 & -3 & 0 \\ -3 & 4 & 1 \\ 5 & 1 & -3 \end{vmatrix} = -14$$

方程组的解为

$$x_1 = \frac{D_1}{D} = \frac{7}{7} = 1, x_2 = \frac{D_2}{D} = \frac{0}{7} = 1, x_3 = \frac{D_3}{D} = \frac{-14}{7} = -2.$$

为了简化行列式的计算,下面介绍三阶行列式的性质,这些性质都可以用对角线展开法来验证.

在介绍行列式性质之前先给出转置行列式的概念. 将一个行列式 D 的行与列依次互换所得的行列式叫作行列式 D 的转置行列式,记作 D' 即

$$D = \begin{vmatrix} a_{11} & a_{12} & a_{13} \\ a_{21} & a_{22} & a_{23} \\ a_{31} & a_{32} & a_{33} \end{vmatrix}$$

的转置行列式为

$$D' = \begin{vmatrix} a_{11} & a_{21} & a_{31} \\ a_{12} & a_{22} & a_{32} \\ a_{13} & a_{23} & a_{33} \end{vmatrix}$$

性质 1　行列式 D 与它的转置行列式 D' 的值相等.

这个性质说明,对于行列式行成立的性质,对于列也一定成立;反之也对.

性质 2　如果行列式的某一行(列)的元素都是二项式,则此行列式等于把这些二项式各取一项作成相应的行(列),而其余行(列)不变的两个行列式的和.

例如

$$D = \begin{vmatrix} a_{11}+b_{11} & a_{12}+b_{12} & a_{13}+b_{13} \\ a_{21} & a_{22} & a_{23} \\ a_{31} & a_{32} & a_{33} \end{vmatrix} = \begin{vmatrix} a_{11} & a_{12} & a_{13} \\ a_{21} & a_{22} & a_{23} \\ a_{31} & a_{32} & a_{33} \end{vmatrix} + \begin{vmatrix} b_{11} & b_{12} & b_{13} \\ a_{21} & a_{22} & a_{23} \\ a_{31} & a_{32} & a_{33} \end{vmatrix}$$

性质 3　如果行列式 D 的某一行(列)的每一个元素同乘以一个常数 k,则此行列式的值等于 kD.

也就是说,行列式中某一行(列)所有元素的公因子可以提到行列式记号的外面.

性质 4　如果把行列式的某两行(列)对调,所得行列式与原行列式的绝对值相等,符号相反.

推论　如果行列式的某两行(列)的对应元素相同,则此行列式的值等于零.

性质 5　如果行列式的某两行(列)的对应元素成比例,则此行列式的值等于零.

性质 6　行列式的某一行(列)的各元素加上另一行(列)对应元素的 k 倍,则行列式的值不变.

例如

$$\begin{vmatrix} a_{11} & a_{12} & a_{13} \\ a_{21} & a_{22} & a_{23} \\ a_{31} & a_{32} & a_{33} \end{vmatrix} = \begin{vmatrix} a_{11}+ka_{21} & a_{12}+ka_{22} & a_{13}+ka_{23} \\ a_{21} & a_{22} & a_{23} \\ a_{31} & a_{32} & a_{33} \end{vmatrix}$$

上式就是将第一行各元素加上第二行对应元素的 k 倍.计算行列式时,可以通过适当选择 k,利用性质 6 将行列式的某些元素变为零,从而使计算简化.

例 3　计算行列式

$$\begin{vmatrix} b & a & a \\ a & b & a \\ a & a & b \end{vmatrix}$$

解　这个行列式的特点是每一列上三个元素之和都等于 $2a+b$,运用性质 6 将二、三行逐一加到第一行上去.

$$\begin{vmatrix} b & a & a \\ a & b & a \\ a & a & b \end{vmatrix} = \begin{vmatrix} b+2a & b+2a & b+2a \\ a & b & a \\ a & a & b \end{vmatrix} = (b+2a) \begin{vmatrix} 1 & 1 & 1 \\ a & b & a \\ a & a & b \end{vmatrix}$$

$$= (b+2a) \begin{vmatrix} 1 & 1 & 1 \\ 0 & b-a & 0 \\ 0 & 0 & b-a \end{vmatrix} = (b+2a)(b-a)^2$$

下面我们介绍余子式和代数余子式的概念.

定义1 在三阶行列式

$$D = \begin{vmatrix} a_{11} & a_{12} & a_{13} \\ a_{21} & a_{22} & a_{23} \\ a_{31} & a_{32} & a_{33} \end{vmatrix}$$

中,划去 a_{ij} 所在的行和列的各元素,剩下的元素按原来的次序构成的一个二阶行列式,叫作元素 a_{ij} 的余子式,记作 D_{ij}. 例如在行列式 D 中,元素 a_{21} 的余子式

$$D_{21} = \begin{vmatrix} a_{12} & a_{13} \\ a_{32} & a_{33} \end{vmatrix}$$

定义2 在元素 a_{ij} 的余子式前面,加上符号 $(-1)^{i+j}$ 后,叫作元素 a_{ij} 的代数余子式,记作 A_{ij},即

$$A_{ij} = (-1)^{i+j} D_{ij}$$

例如 在行列式 D 中,元素 a_{21} 的代数余子式为

$$A_{21} = (-1)^{2+1} D_{21} = -\begin{vmatrix} a_{12} & a_{13} \\ a_{32} & a_{33} \end{vmatrix}$$

而 a_{33} 的代数余子式为

$$A_{33} = (-1)^{3+3} D_{33} = \begin{vmatrix} a_{11} & a_{12} \\ a_{21} & a_{22} \end{vmatrix}$$

性质7 行列式等于它的任一行(列)的各元素与对应的代数余子式乘积之和.
例如前面的行列式 D 中,按第一行展开,有

$$D = a_{11}A_{11} + a_{12}A_{12} + a_{13}A_{13}$$

按第二列展开

$$D = a_{12}A_{12} + a_{22}A_{22} + a_{32}A_{32}$$

性质7称为拉普拉斯(Lapace)定理,也称为行列式按行(列)展开性质,利用此性质,可把一个三阶行列式化成三个二阶行列式来计算.

例4 计算行列式

$$\begin{vmatrix} 4 & -6 & 3 \\ 5 & 2 & 7 \\ 5 & -2 & 8 \end{vmatrix}$$

解

$$\begin{vmatrix} 4 & -6 & 3 \\ 5 & 2 & 7 \\ 5 & -2 & 8 \end{vmatrix} = \begin{vmatrix} 19 & 0 & 24 \\ 5 & 2 & 7 \\ 10 & 0 & 15 \end{vmatrix} \xlongequal{\text{按第二列展开}} 2 \cdot (-1)^{2+2} \begin{vmatrix} 19 & 24 \\ 10 & 15 \end{vmatrix}$$

$$= 2 \times (285 - 240) = 90.$$

由例4可知,计算行列式时,先利用性质6将某行(列)中除保留一个元素外,其余元素均化成零,然后用性质7按该行(列)展开较为简便.

3.1.3 n 阶行列式

定义3 由 n^2 个元素 $a_{ij}(i, j = 1, 2, \cdots, n)$ 排成 n 行 n 列形如

$$D = \begin{vmatrix} a_{11} & a_{12} & \cdots & a_{1n} \\ a_{21} & a_{22} & \cdots & a_{2n} \\ \cdots & \cdots & \cdots & \cdots \\ a_{n1} & a_{n2} & \cdots & a_{nn} \end{vmatrix}$$

的算式,称为 n 阶行列式,其中 a_{ij} 称为 D 的第 i 行第 j 列的元素 $(i,j=(1,2,\cdots,n))$.

在 n 阶行列式中,划去 a_{ij} 所在的行和列的元素,剩下的元素所构成的 $n-1$ 阶行列式叫作元素 a_{ij} 的余子式,记作 D_{ij};把 $(-1)^{i+j}D_{ij}$ 叫作 a_{ij} 的代数余子式记作 A_{ij},即

$$A_{ij} = (-1)^{i+j}D_{ij}$$

当 $n=1$ 时,规定 $D = |a_{11}| = a_{11}$ 称为一阶行列式;

当 $n \geqslant 2$ 时,如果 $n-1$ 阶行列式有定义,则有如下定理.

定理 1　n 阶行列式 D 等于它的任意一行(列)的各元素与其对应的代数余子式乘积之和. 即

$$D = a_{i1}A_{i1} + a_{i2}A_{i2} + \cdots + a_{in}A_{in} (i=1,2,\cdots,n)$$

或

$$D = a_{1j}A_{1j} + a_{2j}A_{2j} + \cdots + a_{nj}A_{nj} (j=1,2,\cdots,n)$$

此定理通常称为行列式降阶展开定理.

计算三阶以上行列式,需要强调指出

①对角线法则不适于三阶以上行列式.

②三阶行列式的性质对于三阶以上的行列式仍然成立.

例 5　计算行列式

① $\begin{vmatrix} 1 & 2 & 3 & 4 \\ 1 & 0 & 1 & 2 \\ 3 & -1 & -1 & 0 \\ 1 & 2 & 0 & -5 \end{vmatrix}$

② $\begin{vmatrix} \dfrac{3}{2} & \dfrac{1}{2} & -\dfrac{1}{2} & 0 \\ 5 & 1 & 3 & -1 \\ \dfrac{2}{3} & 0 & 0 & \dfrac{1}{3} \\ 0 & -5 & 3 & 1 \end{vmatrix}$

解　①

$\begin{vmatrix} 1 & 2 & 3 & 4 \\ 1 & 0 & 1 & 2 \\ 3 & -1 & -1 & 0 \\ 1 & 2 & 0 & -5 \end{vmatrix} = \begin{vmatrix} 7 & 0 & 1 & 4 \\ 1 & 0 & 1 & 2 \\ 3 & -1 & -1 & 0 \\ 7 & 0 & -2 & 5 \end{vmatrix} \xlongequal{\text{按第二列展开}} (-1) \cdot (-1)^{3+2} \begin{vmatrix} 7 & 1 & 4 \\ 1 & 1 & 2 \\ 7 & -2 & -5 \end{vmatrix}$

$= \begin{vmatrix} 6 & 0 & 2 \\ 1 & 1 & 2 \\ 9 & 0 & -1 \end{vmatrix} \xlongequal{\text{按第二列展开}} 1 \cdot (-1)^{2+2} \begin{vmatrix} 6 & 2 \\ 9 & -1 \end{vmatrix} = -6 - 18 = -24$

② $\begin{vmatrix} \dfrac{3}{2} & \dfrac{1}{2} & -\dfrac{1}{2} & 0 \\ 5 & 1 & 3 & -1 \\ \dfrac{2}{3} & 0 & 0 & \dfrac{1}{3} \\ 0 & -5 & 3 & 1 \end{vmatrix} = \dfrac{1}{2} \cdot \dfrac{1}{3} \begin{vmatrix} 3 & 1 & -1 & 0 \\ 5 & 1 & 3 & -1 \\ 2 & 0 & 0 & 1 \\ 0 & -5 & 3 & 1 \end{vmatrix} = \dfrac{1}{6} \begin{vmatrix} 3 & 1 & -1 & 0 \\ 7 & 1 & 3 & -1 \\ 0 & 0 & 0 & 1 \\ -2 & -5 & 3 & 1 \end{vmatrix}$

$$\xlongequal{按第三行展开} -\frac{1}{6}\begin{vmatrix} 3 & 1 & -1 \\ 7 & 1 & 3 \\ -2 & -5 & 3 \end{vmatrix} = -\frac{1}{6}\begin{vmatrix} 3 & 1 & -1 \\ 4 & 0 & 4 \\ 13 & 0 & -2 \end{vmatrix}$$

$$\xlongequal{按第二列展开} \frac{4}{6}\begin{vmatrix} 1 & 1 \\ 13 & -2 \end{vmatrix} = \frac{2}{3}(-2-13) = -10$$

计算行列式的方法很多,在确定使用方法时应注意:

①当行列式中的某行(列)很多元素为零时,不妨使用降阶展开定理计算.

②在某行(列)消零过程中,要选择元素相对简单的行(列).最好用元素为1(没有可制造出)消去其他,尽可能避免不必要的分数运算.

③当行列式的某一行(列)有公因子时,适当地提取可减少其运算量.

3.1.4 克莱姆(Cramer)法则

定理2 (克莱姆法则)如果 n 元线性方程组

$$\begin{cases} a_{11}x_1 + a_{12}x_2 + \cdots + a_{1n}x_n = b_1 \\ a_{21}x_1 + a_{22}x_2 + \cdots + a_{2n}x_n = b_2 \\ \qquad\qquad\qquad \vdots \\ a_{n1}x_1 + a_{n2}x_2 + \cdots + a_{nn}x_n = b_n \end{cases}$$

的系数行列式

$$D = \begin{vmatrix} a_{11} & a_{12} & \cdots & a_{1n} \\ a_{21} & a_{22} & \cdots & a_{2n} \\ \vdots & \vdots & & \vdots \\ a_{n1} & a_{n2} & \cdots & a_{nn} \end{vmatrix} \neq 0$$

则方程组有唯一解:

$$x_1 = \frac{D_1}{D}, x_2 = \frac{D_2}{D}, \cdots, x_n = \frac{D_n}{D}.$$

这里 $D_j(j = 1, 2, \cdots, n)$ 是方程组中的常数项 $b_1, b_2, \cdots, b_n$ 代替 D 中第 j 列元素所得到的 n 阶行列式,即

$$D_j = \begin{vmatrix} a_{11} & a_{12} & \cdots & a_{1j-1} & b_1 & a_{1j+1} & \cdots & a_{1n} \\ a_{21} & a_{22} & \cdots & a_{2j-1} & b_2 & a_{2j+1} & \cdots & a_{2n} \\ \vdots & \vdots & & \vdots & \vdots & \vdots & & \vdots \\ a_{n1} & a_{n2} & \cdots & a_{nj-1} & b_n & a_{nj+1} & \cdots & a_{nn} \end{vmatrix}$$

应用克莱姆法则时,必须 $D \neq 0$,当 $D = 0$ 时方程组解的问题在以后讨论.

例6 解方程组

$$\begin{cases} x_1 + x_2 + x_3 + x_4 = 5 \\ x_1 + 2x_2 - x_3 + x_4 = -2 \\ 2x_1 + 3x_2 - x_3 - 5x_4 = -2 \\ 3x_1 + x_2 + 2x_3 + 3x_4 = 4 \end{cases}$$

解

$$D = \begin{vmatrix} 1 & 1 & 1 & 1 \\ 1 & 2 & -1 & 1 \\ 2 & 3 & -1 & -5 \\ 3 & 1 & 2 & 3 \end{vmatrix} = -35 \neq 0$$

根据克莱姆法则,此方程组有唯一解

$$D_1 = \begin{vmatrix} 5 & 1 & 1 & 1 \\ -2 & 2 & -1 & 1 \\ -2 & 3 & -1 & -5 \\ 4 & 1 & 2 & 3 \end{vmatrix} = 105 \qquad D_2 = \begin{vmatrix} 1 & 5 & 1 & 1 \\ 1 & -2 & -1 & 1 \\ 2 & -2 & -1 & -5 \\ 3 & 4 & 2 & 3 \end{vmatrix} = -105$$

$$D_3 = \begin{vmatrix} 1 & 1 & 5 & 1 \\ 1 & 2 & -2 & 1 \\ 2 & 3 & -2 & -5 \\ 3 & 1 & 4 & 3 \end{vmatrix} = -175 \qquad D_4 = \begin{vmatrix} 1 & 1 & 1 & 5 \\ 1 & 2 & -1 & -2 \\ 2 & 3 & -1 & -2 \\ 3 & 1 & 2 & 4 \end{vmatrix} = 0$$

所以方程组的解为

$$x_1 = \frac{D_1}{D} = -3, x_2 = \frac{D_2}{D} = 3, x_3 = \frac{D_3}{D} = 5, x_4 = \frac{D_4}{D} = 0.$$

3.2 矩 阵 及 其 运 算

学习任务

知识目标:1. 理解矩阵的概念;

　　　　　2. 掌握矩阵的运算;

　　　　　3. 掌握逆矩阵的定义及求法;

　　　　　4. 能用逆矩阵解线性方程组;

　　　　　5. 理解矩阵的秩的概念.

能力目标:1. 掌握矩阵的概念;

　　　　　2. 掌握矩阵的运算;

　　　　　3. 掌握逆矩阵的定义及求法;

　　　　　4. 掌握逆矩阵解线性方程组;

　　　　　5. 理解矩阵的秩的概念.

学习重点:矩阵的概念;矩阵的运算;逆矩阵的求法;逆矩阵解线性方程组;矩阵的秩

学习难点:逆矩阵的求法;逆矩阵解线性方程组;矩阵的秩

3.2.1　矩阵的概念

(1)矩阵的定义

在实际问题中,经常会遇到把一些数放在一起来研究的问题,看两个例子:

例1　在物资调运中,经常要考虑如何供应销地,使物资的总费用最低. 如果某个地区的

钢材有两个产地 x_1, x_2 有 3 个销地 y_1, y_2, y_3 ,可以用一个数表来表示钢材的调运方案

销　地　 产　地	y_1	y_2	y_3
x_1	a_{11}	a_{12}	a_{13}
x_2	a_{21}	a_{22}	a_{23}

表中数字 a_{ij} 表示由产地 x_i 运到产地 y_j 的钢材数量,去掉表头后,得到按一定次序排列的数表

$$\begin{pmatrix} a_{11} & a_{12} & a_{13} \\ a_{21} & a_{22} & a_{23} \end{pmatrix}$$

它表示了该地区钢铁的调运规律.

在自然科学和生产实践中常常用到这种数表,有必要对其具有的运算关系及性质加以研究,为叙述方便,我们把这种数表叫做矩阵.

定义 1　由 $m \times n$ 个数 $a_{ij}(i = 1, 2, \cdots, m; j = 1, 2, \cdots, n)$ 排列成的 m 行 n 列的矩形数表

$$\begin{pmatrix} a_{11} & a_{12} & \cdots & a_{1n} \\ a_{21} & a_{22} & \cdots & a_{2n} \\ \vdots & \vdots & & \vdots \\ a_{m1} & a_{m2} & \cdots & a_{mn} \end{pmatrix}$$

称为 m 行 n 列矩阵. a_{ij} 称为矩阵的第 i 行第 j 列元素.

矩阵通常用大写字母 $A, B, C, \cdots$ 表示,为了标明矩阵的行数 m 和列数 n ,可记作 $\boldsymbol{A}_{m \times n}$ 或 $(a_{ij})_{m \times n}$.

（2）几种特殊矩阵

为了进一步展开对矩阵的讨论,介绍几种常用的特殊形式矩阵.

1）零矩阵　所有元素均为 0 的矩阵,称为零矩阵,记作 $\boldsymbol{O}_{m \times n}$ 或 $\boldsymbol{O}$. 例如

$$\boldsymbol{O}_{2 \times 4} \begin{pmatrix} 0 & 0 & 0 & 0 \\ 0 & 0 & 0 & 0 \end{pmatrix}$$

2）列矩阵　只有一列的矩阵. 此时 $n = 1$

$$\boldsymbol{A}_{m \times 1} \begin{pmatrix} a_{11} \\ a_{21} \\ \vdots \\ a_{m1} \end{pmatrix}$$

3）行矩阵　只有一行的矩阵. 此时 $m = 1$

$$\boldsymbol{A}_{1 \times n} = \begin{pmatrix} a_{11} & a_{12} & \cdots & a_{1n} \end{pmatrix}$$

4）转置矩阵　把矩阵 $\boldsymbol{A}$ 所有的行换成相应的列后得到的矩阵,称为矩阵 $\boldsymbol{A}$ 的转置矩阵,记作 $\boldsymbol{A}^{\mathrm{T}}$. 即若 $\boldsymbol{A} = (a_{ij})_{m \times n}$,则 $\boldsymbol{A}^{\mathrm{T}} = (a_{ij})_{n \times m}$.

例如若 $\boldsymbol{A} = \begin{pmatrix} 1 & 4 \\ -2 & 0 \\ 3 & 7 \end{pmatrix}$,则 $\boldsymbol{A}^{\mathrm{T}} = \begin{pmatrix} 1 & -2 & 3 \\ 4 & 0 & 7 \end{pmatrix}$.

5) n 阶方阵　当矩阵的行数与列数均为 n 时,称为 n 阶方阵. n 阶方阵中从左上角到右下角的对角线称为主对角线,另一条对角线称为次对角线.

通常把方阵 A 的元素按原来的位置构成的行列式称为矩阵 A 的行列式,记 $|A|$.

例如,矩阵

$$A = \begin{pmatrix} 1 & 0 & 2 \\ 3 & 2 & 1 \\ -5 & 6 & 7 \end{pmatrix}$$

的行列式是

$$|A| = \begin{vmatrix} 1 & 0 & 2 \\ 3 & 2 & 1 \\ -5 & 6 & 7 \end{vmatrix}$$

显然,只有方阵才有对应的行列式. 对于 n 阶方阵还有以下几种特殊形式

① 对称矩阵　关于主对角线对称的元素对应相等(即 $a_{ij} = a_{ji}$,$i,j = 1,2,\cdots,n$)的方阵称为对称矩阵. 例如

$$A = \begin{pmatrix} 3 & -6 & -9 \\ -6 & 2 & 5 \\ -9 & 5 & 1 \end{pmatrix}$$

是对称矩阵. 显然任何一个对称矩阵 A 有 $A = A^{\mathrm{T}}$.

② 对角矩阵　除主对角线上的元素外,其余元素均为 0 的方阵,称为对角矩阵.

③ 单位矩阵　主对角线上的元素都为 1 的对角矩阵,称为单位矩阵. 记 I 或 I_n.

④ 三角矩阵　主对角一侧所有元素均为 0 的矩阵,称为三角矩阵. 分为上三角矩阵和下三角矩阵. 例如

$$I_{上} = \begin{pmatrix} a_{11} & a_{12} & \cdots & a_{1n} \\ 0 & a_{22} & \cdots & a_{2n} \\ \vdots & \vdots & & \vdots \\ 0 & 0 & \cdots & a_{nn} \end{pmatrix}, \qquad I_{下} = \begin{pmatrix} a_{11} & 0 & \cdots & 0 \\ a_{21} & a_{22} & \cdots & 0 \\ \vdots & \vdots & & \vdots \\ a_{n1} & a_{n2} & \cdots & a_{nn} \end{pmatrix}.$$

(3) 矩阵的相等

定义 2　如果两个 m 行 n 列的矩阵 $A = (a_{ij})_{m \times n}$ 和 $B = (b_{ij})_{m \times n}$ 的对应元素都分别相等,即 $a_{ij} = b_{ij}$($i = 1,2,\cdots,m$;$j = 1,2,\cdots,n$),那么就称这两个矩阵相等.

例 2　已知

$$A = \begin{pmatrix} a+b & 3 \\ 3 & a-b \end{pmatrix}, B = \begin{pmatrix} 7 & 2c+d \\ c-d & 3 \end{pmatrix}$$

而且 $A = B$,求 a,b,c,d.

解　根据矩阵相等的定义,可知方程组

$$\begin{cases} a+b = 7 \\ a-b = 3 \end{cases} \qquad \begin{cases} 2c+d = 3 \\ c-d = 3 \end{cases}$$

解得 $a = 5, b = 2, c = 2, d = -1$

即当 $a = 5, b = 2, c = 2, d = -1$ 时,有 $A = B$.

应当注意的是：矩阵与行列式是两个不同的概念。行列式是一个算式,计算结果是一个数值,而矩阵是一个数表. 两个行列式相等是指行列式的值相等,而矩阵相等必须是同行同列对应元素相等才行.

3.2.2 矩阵的运算

（1）矩阵的加法和减法

定义 3 两个 m 行 n 列矩阵 $A = (a_{ij})$ 与 $B = (b_{ij})$ 相加（减）,它们的和（差）为

$$A \pm B = (a_{ij} + b_{ij})$$

显然,两个矩阵只有当它们的行数和列数分别相等时,才能进行加、减运算;矩阵的加、减运算归结为对应元素的加减运算.

例 3 已知

$$A = \begin{pmatrix} 5 & 6 & -7 \\ 4 & 3 & 1 \end{pmatrix}, B = \begin{pmatrix} 6 & 8 & -4 \\ 9 & -1 & 3 \end{pmatrix}$$

求①$A + B$,②$A - B$.

解 ①$A + B = \begin{pmatrix} 5 & 6 & -7 \\ 4 & 3 & 1 \end{pmatrix} + \begin{pmatrix} 6 & 8 & -4 \\ 9 & -1 & 3 \end{pmatrix} = \begin{pmatrix} 5+6 & 6+8 & -7-4 \\ 4+9 & 3-1 & 1+3 \end{pmatrix}$

$= \begin{pmatrix} 11 & 14 & -11 \\ 13 & 2 & 4 \end{pmatrix}$

②$A - B = \begin{pmatrix} 5 & 6 & -7 \\ 4 & 3 & 1 \end{pmatrix} - \begin{pmatrix} 6 & 8 & -4 \\ 9 & -1 & 3 \end{pmatrix} = \begin{pmatrix} 5-6 & 6-8 & -7+4 \\ 4-9 & 3+1 & 1-3 \end{pmatrix}$

$= \begin{pmatrix} -1 & -2 & -3 \\ -5 & 4 & -2 \end{pmatrix}$

容易验证,矩阵加法满足以下规律：
①交换律　$A + B = B + A$
②结合律　$(A + B) + C = A + (B + C)$

（2）数与矩阵相乘

定义 4 一个数 k 与矩阵 $A = (a_{ij})_{m \times n}$ 相乘,它们的乘积为

$$kA = (ka_{ij})_{m \times n}.$$

容易验证,数乘矩阵满足以下规律：
①交换律　$kA = Ak$
②分配律　$k(A + B) = kA + kB$
　　　　　$(k + l)A = kA + lA$
③结合律　$k(lA) = (kl)A$
其中 A, B 都是 $m \times n$ 矩阵,k, l 为任意数.

例 4 已知

$$A = \begin{pmatrix} 3 & 1 & 2 \\ 3 & 2 & 1 \end{pmatrix}, B = \begin{pmatrix} 0 & -1 & 2 \\ 3 & 2 & -1 \end{pmatrix}$$

求 $3A - 2B$.

解　$3A - 2B = 3 \begin{pmatrix} 3 & 1 & 2 \\ 3 & 2 & 1 \end{pmatrix} - 2 \begin{pmatrix} 0 & -1 & 2 \\ 3 & 2 & -1 \end{pmatrix} = \begin{pmatrix} 9 & 3 & 6 \\ 9 & 6 & 3 \end{pmatrix} - \begin{pmatrix} 0 & -2 & 4 \\ 6 & 4 & -2 \end{pmatrix} =$
$\begin{pmatrix} 9 & 5 & 2 \\ 3 & 2 & 5 \end{pmatrix}$

（3）矩阵与矩阵相乘

矩阵的各种运算，都是从实际问题中抽象出来的.

引例　某学校明后两年计划建筑教学楼与宿舍楼,建筑面积及材料耗用量列表如下:

建筑面积(单位:100 m²)

	教学楼	宿舍楼
明　年	20	10
后　年	30	20

材料（每100 m² 建筑面积）的年平均耗用量

	钢材/t	水泥/t	木材/m³
教学楼	2	18	4
宿舍楼	1. 5	15	5

因此,明后两年三种建筑材料的耗用量为

	钢材/t	水泥/t	木材/m³
明　年	20 × 2 + 10 × 1.5 = 55	20 × 18 + 10 × 15 = 510	20 × 4 + 10 × 5 = 130
后　年	30 × 2 + 10 × 1.5 = 75	30 × 18 + 20 × 15 = 840	30 × 4 + 20 × 5 = 220

上述 3 个数表,用矩阵表示为

$$A = \begin{pmatrix} 20 & 10 \\ 30 & 20 \end{pmatrix}, B = \begin{pmatrix} 2 & 18 & 4 \\ 1.5 & 15 & 5 \end{pmatrix}$$

$$C = \begin{pmatrix} 20 \times 2 + 10 \times 1.5 & 20 \times 18 + 10 \times 15 & 20 \times 4 + 10 \times 5 \\ 30 \times 2 + 10 \times 1.5 & 30 \times 18 + 20 \times 15 & 30 \times 4 + 20 \times 5 \end{pmatrix}$$

可以看出,矩阵 C 的元素是由矩阵 A 与 B 的元素经过适当运算得到的. 例如 c_{11} 是 A 的第一行元素与 B 的第一列对应元素的乘积之和;c_{21} 是 A 的第二行元素与 B 的第一列对应元素的乘积之和,……. 对于这样的矩阵 C,给出如下定义:

定义 5　设矩阵 $A = (a_{ik})_{m \times s}$,$B = (b_{kj})_{s \times n}$,规定矩阵 A 与 B 的乘积为 $C = (c_{ij})_{m \times n}$,其中 c_{ij} 是矩阵 A 的第 i 行所有元素与矩阵 B 第 j 列各对应元素的乘积之和. 即

$$c_{ij} = \sum_{k=1}^{s} a_{ik}b_{kj}(i = 1,2,\cdots,m;j = 1,2,\cdots,n)$$

矩阵 A 与矩阵 B 之积记为 AB,即

$$C = AB$$

上述定义可以看出,矩阵相乘是有条件的:只有当矩阵 A（左矩阵）的列数等于矩阵 B（右

矩阵)的行数时,A 才能与 B 相乘,有 $C=AB$. 矩阵 C 的行数等于 A 的行数,列数等于 B 的列数.

例5 已知

$$A = \begin{pmatrix} 3 & 2 & -1 \\ 2 & -3 & 5 \end{pmatrix}, B = \begin{pmatrix} 1 & 3 \\ -5 & 4 \\ 3 & 6 \end{pmatrix}$$

求 AB 和 BA.

解

$$AB = \begin{pmatrix} 3 & 2 & -1 \\ 2 & -3 & 5 \end{pmatrix} \begin{pmatrix} 1 & 3 \\ -5 & 4 \\ 3 & 6 \end{pmatrix} = \begin{pmatrix} 3\times1+2\times(-5)+(-1)\times3 & 3\times3+2\times4+(-1)\times6 \\ 2\times1+(-3)\times(-5)+5\times3 & 2\times3+(-3)\times4+5\times6 \end{pmatrix}$$

$$= \begin{pmatrix} -10 & 11 \\ 32 & 24 \end{pmatrix}$$

$$BA = \begin{pmatrix} 1 & 3 \\ -5 & 4 \\ 3 & 6 \end{pmatrix} \begin{pmatrix} 3 & 2 & -1 \\ 2 & -3 & 5 \end{pmatrix}$$

$$= \begin{pmatrix} 1\times3+3\times2 & 1\times2+3\times(-3) & 1\times(-1)+3\times5 \\ (-5)\times3+4\times2 & (-5)\times2+4\times(-3) & (-5)\times(-1)+4\times5 \\ 3\times3+6\times2 & 3\times2+6\times(-3) & 3\times(-1)+6\times5 \end{pmatrix}$$

$$= \begin{pmatrix} 9 & -7 & 14 \\ -7 & -22 & 25 \\ 21 & -12 & 27 \end{pmatrix}$$

显然 $AB \neq BA$. 一般地说,矩阵乘法不满足交换律. 而且 AB 有意义时,BA 也不一定有意义.

例6 已知

$$A = \begin{pmatrix} 1 & 1 \\ 0 & 1 \end{pmatrix}, B = \begin{pmatrix} 1 & 2 \\ 0 & 1 \end{pmatrix}$$

求 AB 及 BA.

解
$$AB = \begin{pmatrix} 1 & 1 \\ 0 & 1 \end{pmatrix} \begin{pmatrix} 1 & 2 \\ 0 & 1 \end{pmatrix} = \begin{pmatrix} 1 & 3 \\ 0 & 1 \end{pmatrix}$$

$$BA = \begin{pmatrix} 1 & 2 \\ 0 & 1 \end{pmatrix} \begin{pmatrix} 1 & 1 \\ 0 & 1 \end{pmatrix} = \begin{pmatrix} 1 & 3 \\ 0 & 1 \end{pmatrix}$$

这里 $AB = BA$.

如果两矩阵相乘,有 $AB = BA$,则称矩阵 A 与 B 是可交换的.

一般地,若 A 是方阵,则将乘积 AA 记为 A^2,k 个方阵 A 相乘记为 A^k.

例7 已知 $A = \begin{pmatrix} 1 & \sqrt{3} \\ -\sqrt{3} & 1 \end{pmatrix}$,求 A^3.

解　$A^2 = \begin{pmatrix} 1 & \sqrt{3} \\ -\sqrt{3} & 1 \end{pmatrix} \begin{pmatrix} 1 & \sqrt{3} \\ -\sqrt{3} & 1 \end{pmatrix} = \begin{pmatrix} -2 & 2\sqrt{3} \\ -2\sqrt{3} & -2 \end{pmatrix}$

$$A^3 = A^2 \cdot A = \begin{pmatrix} -2 & 2\sqrt{3} \\ -2\sqrt{3} & -2 \end{pmatrix} \begin{pmatrix} 1 & \sqrt{3} \\ -\sqrt{3} & 1 \end{pmatrix} = \begin{pmatrix} -8 & 0 \\ 0 & -8 \end{pmatrix}$$

可以证明矩阵乘法满足以下规律：

①结合律　$(AB)C = A(BC)$

$\qquad\qquad k(AB) = A(kB)$　　　(k 为常数)

②分配律　$A(B+C) = AB + AC$

矩阵乘法与数的乘法还有如下差别：

（ⅰ）两个元素不全为零的矩阵，其乘积可能为零矩阵.

例如

$$A = \begin{pmatrix} 2 & -1 \\ -6 & 3 \end{pmatrix}, B = \begin{pmatrix} 1 & -2 \\ 2 & -4 \end{pmatrix}$$

则

$$AB = \begin{pmatrix} 2 & -1 \\ -6 & 3 \end{pmatrix} \begin{pmatrix} 1 & -2 \\ 2 & -4 \end{pmatrix} = \begin{pmatrix} 0 & 0 \\ 0 & 0 \end{pmatrix} = O_{2 \times 2}$$

（ⅱ）若 $AB = AC$，一般不能由此得出 $B = CB$.

例如

$$A = \begin{pmatrix} 2 & -1 \\ -6 & 3 \end{pmatrix}, B = \begin{pmatrix} 3 & 1 & -2 \\ 4 & 1 & -3 \end{pmatrix}, C = \begin{pmatrix} 0 & 4 & 0 \\ -2 & 7 & 1 \end{pmatrix}$$

则

$$AB = \begin{pmatrix} 2 & -1 \\ -6 & 3 \end{pmatrix} \begin{pmatrix} 3 & 1 & -2 \\ 4 & 1 & -3 \end{pmatrix} = \begin{pmatrix} 2 & 1 & -1 \\ -6 & -3 & 3 \end{pmatrix}$$

$$AC = \begin{pmatrix} 2 & -1 \\ -6 & 3 \end{pmatrix} \begin{pmatrix} 0 & 4 & 0 \\ -2 & 7 & 1 \end{pmatrix} = \begin{pmatrix} 2 & 1 & -1 \\ -6 & -3 & 3 \end{pmatrix}$$

即 $AB = AC$，但 $B \neq C$.

3.2.3　逆矩阵

对于代数方程 $ax = b(a \neq 0)$，可以在方程两边同时乘以 a^{-1} 得到解 $x = a^{-1}b$. 那么对于矩阵方程 $AX = B$ 的解是否也可以写成

$$X = A^{-1}B$$

如果可以，A^{-1} 的含义是什么？

（1）逆矩阵的定义

定义 6　对于一个 n 阶方阵 A，如果存在一个 n 阶方阵 C，使得 $AC = CA = I_n$，那么矩阵 C 称为矩阵 A 的逆矩阵，记作 A^{-1}，即

$$AA^{-1} = A^{-1}A = I$$

如果矩阵 A 存在逆矩阵，则称矩阵 A 是可逆的.

可以证明逆矩阵的如下性质：

①若 $\boldsymbol{A}$ 是可逆的,则其逆矩阵是唯一的.

②$\boldsymbol{A}$ 的逆阵的逆阵仍为 $\boldsymbol{A}$,即 $(\boldsymbol{A}^{-1})^{-1} = \boldsymbol{A}$.

③若 $\boldsymbol{A},\boldsymbol{B}$ 都是 n 阶可逆矩阵,则 $\boldsymbol{AB}$ 也可逆,且 $(\boldsymbol{AB})^{-1} = \boldsymbol{B}^{-1}\boldsymbol{A}^{-1}$.

④可逆矩阵 $\boldsymbol{A}$ 的转置 $\boldsymbol{A}^{\mathrm{T}}$ 是可逆矩阵,且 $(\boldsymbol{A}^{\mathrm{T}})^{-1} = (\boldsymbol{A}^{-1})^{\mathrm{T}}$.

（2）逆矩阵的求法

定理 对于 n 阶方阵 $\boldsymbol{A}$,当 $|\boldsymbol{A}| \neq 0$ 时,矩阵 $\boldsymbol{A}$ 的逆矩阵唯一存在,且

$$\boldsymbol{A}^{-1} = \frac{1}{|\boldsymbol{A}|}\boldsymbol{A}^*$$

其中

$$\boldsymbol{A}^* = \begin{pmatrix} A_{11} & A_{11} & \cdots & A_{n1} \\ A_{12} & A_{21} & \cdots & A_{2n} \\ \vdots & \vdots & & \vdots \\ A_{1n} & A_{2n} & \cdots & A_{nn} \end{pmatrix}$$

称为 $\boldsymbol{A}$ 的伴随矩阵,其中 A_{ij} 为 $|\boldsymbol{A}|$ 中 a_{ij} 的代数余子式. 即

$$A_{ij} = (-1)^{i+j} D_{ij} (i = 1,2,\cdots,n;j = 1,2,\cdots,n)$$

例8 已知矩阵 $\boldsymbol{A} = \begin{pmatrix} 2 & 2 & 3 \\ 1 & -1 & 0 \\ -1 & 2 & 1 \end{pmatrix}$,判断 $\boldsymbol{A}$ 是否可逆,如果可逆,求 $\boldsymbol{A}^{-1}$.

解 因为

$$|\boldsymbol{A}| = \begin{vmatrix} 2 & 2 & 3 \\ 1 & -1 & 0 \\ -1 & 2 & 1 \end{vmatrix} = -1 \neq 0$$

所以 $\boldsymbol{A}$ 可逆,又

$$A_{11} = -1, A_{12} = -1, A_{13} = 1, A_{21} = 4, A_{22} = 5, A_{23} = -6$$
$$A_{31} = 3, A_{32} = 3, A_{33} = -4$$

于是

$$\boldsymbol{A}^* = \begin{pmatrix} -1 & 4 & 3 \\ -1 & 5 & 3 \\ 1 & -6 & -4 \end{pmatrix}$$

因此

$$\boldsymbol{A}^{-1} = \frac{1}{|\boldsymbol{A}|}\boldsymbol{A}^* = -\begin{pmatrix} -1 & 4 & 3 \\ -1 & 5 & 3 \\ 1 & -6 & -4 \end{pmatrix} = \begin{pmatrix} 1 & -4 & -3 \\ 1 & -5 & -3 \\ -1 & 6 & 4 \end{pmatrix}$$

（3）用逆矩阵解线性方程组

对于线性方程组

$$\begin{cases} a_{11}x_1 + a_{12}x_2 + \cdots + a_{1n}x_n = b_1 \\ a_{21}x_1 + a_{22}x_2 + \cdots + a_{2n}x_n = b_2 \\ \vdots \\ a_{m1}x_1 + a_{m2}x_2 + \cdots + a_{mn}x_n = b_m \end{cases}$$

设

$$A = \begin{pmatrix} a_{11} & a_{12} & \cdots & a_{1n} \\ a_{21} & a_{22} & \cdots & a_{2n} \\ \vdots & \vdots & & \vdots \\ a_{m1} & a_{m2} & \cdots & a_{mn} \end{pmatrix}, X = \begin{pmatrix} x_1 \\ x_2 \\ \vdots \\ x_n \end{pmatrix}, B = \begin{pmatrix} b_1 \\ b_2 \\ \vdots \\ b_n \end{pmatrix}$$

根据矩阵乘法和矩阵相等的定义有

$$AX = B$$

左乘 A^{-1}

$$A^{-1}AX = A^{-1}B$$

$$X = A^{-1}B$$

可见,一个线性方程组,只要它的系数矩阵可逆,就可以用逆矩阵来求它的解.

例 9　用逆矩阵解线性方程组

$$\begin{cases} 2x_1 + 2x_2 + 3x_3 = 2 \\ x_1 - x_2 = 2 \\ -x_1 + 2x_2 + x_3 = 4 \end{cases}$$

解　方程组的矩阵形式是

$$\begin{pmatrix} 2 & 2 & 3 \\ 1 & -1 & 0 \\ -1 & 2 & 1 \end{pmatrix} \begin{pmatrix} x_1 \\ x_2 \\ x_3 \end{pmatrix} = \begin{pmatrix} 2 \\ 2 \\ 4 \end{pmatrix}$$

由例 8 知系数矩阵的逆矩阵存在,因而有

$$\begin{pmatrix} x_1 \\ x_2 \\ x_3 \end{pmatrix} = \begin{pmatrix} 2 & 2 & 3 \\ 1 & -1 & 0 \\ -1 & 2 & 1 \end{pmatrix}^{-1} \begin{pmatrix} 2 \\ 2 \\ 4 \end{pmatrix} = \begin{pmatrix} 1 & -4 & -3 \\ 1 & -5 & -3 \\ -1 & 6 & 4 \end{pmatrix} \begin{pmatrix} 2 \\ 2 \\ 4 \end{pmatrix} = \begin{pmatrix} -18 \\ -20 \\ 26 \end{pmatrix}$$

根据矩阵相等的定义

$$x_1 = -18, x_2 = -20, x_3 = 26.$$

3.2.4　矩阵的秩

同行列式的情形一样,在 $m \times n$ 矩阵 A 中任取 k 行和 k 列,那么位于这些行与列相交位置上的元素构成的一个 k 阶行列式称为矩阵 A 的 k 阶子式(简称子式).例如,矩阵

$$A = \begin{pmatrix} 1 & 2 & -1 & 2 \\ 2 & -1 & 3 & 4 \\ 4 & 3 & 1 & 3 \end{pmatrix}$$

中位于第一行,第二行与第二列,第四列相交位置上的元素构成的二阶子式是

$$\begin{vmatrix} 2 & 2 \\ -1 & 4 \end{vmatrix}$$

定义 7　矩阵 A 中不为零的子式的最高阶数 r 称为这个矩阵的秩,记为 $R(A) = r$.

根据定义可知,如果矩阵 A 中存在一个 r 阶不为零的子式,而所有阶数超过 r 的子式均为零,那么矩阵 A 的秩就是 r.

求一个矩阵的秩时,对于一个非零矩阵,一般说可以从二阶子式算起. 若它的所有二阶子式为零,则矩阵的秩为 1;若找到一个不为零的二阶子式,就继续计算它的三阶子式,若所有的三阶子式都为零,则矩阵的秩为 2;若找到一个不为零的三阶子式,就继续计算它的四阶子式,……直到求出矩阵的秩为止.

例 10 求矩阵

$$A = \begin{pmatrix} 1 & 2 & 2 & 11 \\ 1 & -3 & -3 & -14 \\ 3 & 1 & 1 & 8 \end{pmatrix}$$

的秩.

解 计算它的二阶子式

$$\begin{vmatrix} 1 & 2 \\ 1 & -3 \end{vmatrix} = -5 \neq 0$$

所以继续计算它的三阶子式,因为它的四个三阶子式均为零. 即

$$\begin{vmatrix} 1 & 2 & 2 \\ 1 & -3 & -3 \\ 3 & 1 & 1 \end{vmatrix} = 0, \qquad \begin{vmatrix} 1 & 2 & 11 \\ 1 & -3 & -14 \\ 3 & 1 & 8 \end{vmatrix} = 0$$

$$\begin{vmatrix} 1 & 2 & 11 \\ 1 & -3 & -14 \\ 3 & 1 & 8 \end{vmatrix} = 0, \qquad \begin{vmatrix} 2 & 2 & 11 \\ -3 & -3 & -14 \\ 1 & 1 & 8 \end{vmatrix} = 0$$

所以矩阵 A 的秩

$$R(A) = 2.$$

3.3 矩阵的初等变换

矩阵的初等变换是矩阵的一种基本运算,它在求矩阵的秩、逆和解线性方程组中有广泛的应用.

学习任务

知识目标:1. 掌握矩阵的初等变换;

2. 掌握用矩阵的初等变换求矩阵的秩的方法;

3. 掌握用矩阵的初等变换求逆矩阵的方法;

4. 掌握高斯消元法.

能力目标:1. 能掌握矩阵的初等变换;

2. 能用矩阵的初等变换求矩阵的秩;

3. 能用矩阵的初等变换求逆矩阵;

4. 能运用高斯消元法解线性方程组.

学习重点:矩阵的初等变换;矩阵的初等变换求矩阵的秩;矩阵的初等变换求逆矩阵;高斯消元法.

学习难点:矩阵的初等变换求矩阵的秩;矩阵的初等变换求逆矩阵.

3.3.1　矩阵的初等变换

定义　对矩阵的行(或列)作以下 3 种变换称为矩阵的初等变换.

(1)位置变换

交换矩阵的任意两行(或列).

(2)倍法变换

用一个不为零的常数乘矩阵的某一行(或列).

(3)消法变换

用一个常数乘矩阵的某一行(或列),再加到另一行(或列)上去.

为方便起见,矩阵的初等变换过程用→表示. ①第 i 行与第 j 行互换,记 $(r_i) \leftrightarrow (r_j)$;②第 i 行的 k 倍,记 $k(r_i)$;③第 i 行的 k 倍加到第 j 行上去,记 $(k(r_i) + (r_j))$.

3.3.2　求矩阵的秩

定理　矩阵 A 经过初等变换变为矩阵 B ,它们的秩不变,即 $r(B) = r(A)$.

根据这个定理,可以将一个矩阵 A 经过适当的初等变换,变成一个求秩较为方便的矩阵 B .

例1　求矩阵

$$A = \begin{pmatrix} 1 & 2 & 2 & 11 \\ 1 & 2 & -3 & -14 \\ 3 & 1 & 1 & 3 \\ 2 & 5 & 5 & 28 \end{pmatrix}$$

的秩.

解

$$A = \begin{pmatrix} 1 & 2 & 2 & 11 \\ 1 & 2 & -3 & -14 \\ 3 & 1 & 1 & 3 \\ 2 & 5 & 5 & 28 \end{pmatrix} \xrightarrow[\substack{r_2 - r_1 \\ r_3 - 3r_1 \\ r_4 - 2r_1}]{} \begin{pmatrix} 1 & 2 & 2 & 11 \\ 0 & 0 & -5 & -25 \\ 0 & -5 & -5 & -30 \\ 0 & 1 & 1 & 6 \end{pmatrix}$$

$$\xrightarrow[r_2 \leftrightarrow r_4]{} \begin{pmatrix} 1 & 2 & 2 & 11 \\ 0 & 1 & 1 & 6 \\ 0 & -5 & -5 & -30 \\ 0 & 0 & -5 & -25 \end{pmatrix} \xrightarrow[r_3 + 5r_2]{} \begin{pmatrix} 1 & 2 & 2 & 11 \\ 0 & 1 & 1 & 6 \\ 0 & 0 & 0 & 0 \\ 0 & 0 & -5 & -25 \end{pmatrix}$$

$$\xrightarrow[r_3 \leftrightarrow r_4]{} \begin{pmatrix} 1 & 2 & 2 & 11 \\ 0 & 1 & 1 & 6 \\ 0 & 0 & -5 & -25 \\ 0 & 0 & 0 & 0 \end{pmatrix} = B.$$

易见 $\begin{vmatrix} 1 & 2 & 2 \\ 0 & 1 & 1 \\ 0 & 0 & -5 \end{vmatrix} \neq 0$ 而 4 阶子式为零, $r(B) = 3$,所以 $r(A) = 3$.

3.3.3 求逆矩阵

用初等变换求 n 阶方阵的逆矩阵的方法如下:

先把方阵 A 和 A 同阶的单位矩阵 I 合在一起写成下面的形式,中间用虚线分开.

$$(A \vdots I) = \begin{pmatrix} a_{11} & a_{12} & \cdots & a_{1n} & 1 & 0 & \cdots & 0 \\ a_{21} & a_{22} & \cdots & a_{2n} & 0 & 1 & \cdots & 0 \\ \vdots & \vdots & & \vdots & \vdots & \vdots & & \vdots \\ a_{n1} & a_{n2} & \cdots & a_{nn} & 0 & 0 & \cdots & 1 \end{pmatrix}$$

然后对这个矩阵的行施行行的初等变换,使前 n 列的 A 变成单位矩阵 I,那么后 n 列就变成矩阵 A 的逆矩阵 A^{-1}.

例 2 用初等变换求矩阵

$$A = \begin{pmatrix} 1 & 0 & 1 \\ 2 & 1 & 0 \\ -3 & 2 & -5 \end{pmatrix}$$

的逆矩阵.

解

$$(A \vdots I) = \begin{pmatrix} 1 & 0 & 1 & 0 & 0 & 0 \\ 2 & 1 & 0 & 0 & 1 & 0 \\ -3 & 2 & -5 & 0 & 0 & 1 \end{pmatrix} \xrightarrow[r_3 + 3r_1]{r_2 - 2r_1} \begin{pmatrix} 1 & 0 & 1 & 1 & 0 & 0 \\ 0 & 1 & -2 & -2 & 1 & 0 \\ 0 & 0 & -2 & 3 & 0 & 1 \end{pmatrix}$$

$$\xrightarrow{r_3 - 2r_2} \begin{pmatrix} 1 & 0 & 1 & 1 & 0 & 0 \\ 0 & 1 & -2 & -2 & 1 & 0 \\ 0 & 0 & 2 & 7 & -2 & 1 \end{pmatrix} \xrightarrow{r_2 + r_3} \begin{pmatrix} 1 & 0 & 1 & 1 & 0 & 0 \\ 0 & 1 & 0 & 5 & -1 & 1 \\ 0 & 0 & 2 & 7 & -2 & 1 \end{pmatrix}$$

$$\xrightarrow{\frac{1}{2}r_3} \begin{pmatrix} 1 & 0 & 1 & 1 & 0 & 0 \\ 0 & 1 & 0 & 5 & -1 & 1 \\ 0 & 0 & 1 & \dfrac{7}{2} & -1 & \dfrac{1}{2} \end{pmatrix} \xrightarrow{r_1 - r_3} \begin{pmatrix} 1 & 0 & 0 & -\dfrac{5}{2} & 1 & -\dfrac{1}{2} \\ 0 & 1 & 0 & 5 & -1 & 1 \\ 0 & 0 & 1 & \dfrac{7}{2} & -1 & \dfrac{1}{2} \end{pmatrix}$$

所以

$$A^{-1} = \begin{pmatrix} -\dfrac{5}{2} & 1 & -\dfrac{1}{2} \\ 5 & -1 & 1 \\ \dfrac{7}{2} & -1 & \dfrac{1}{2} \end{pmatrix}.$$

3.3.4 高斯消元法

设线性方程组

$$\begin{cases} a_{11}x_1 + a_{12}x_2 + \cdots + a_{1n}x_n = b_1 \\ a_{21}x_1 + a_{22}x_2 + \cdots + a_{2n}x_n = b_2 \\ \quad\vdots \\ a_{n1}x_1 + a_{n2}x_2 + \cdots + a_{nn}x_n = b_n \end{cases}$$

令

$$(A,b) = \begin{pmatrix} a_{11} & a_{12} & \cdots & a_{1n} & b_1 \\ a_{21} & a_{22} & \cdots & a_{2n} & b_2 \\ \vdots & \vdots & & \vdots & \vdots \\ a_{n1} & a_{n2} & \cdots & a_{nn} & b_n \end{pmatrix}$$

为方程组的增广矩阵.

　　用高斯消元法解线性方程组,就是对它的增广矩阵(A,b)的行施以初等变换,使方程组的增广阵(A,b)变为

$$\begin{pmatrix} 1 & 0 & \cdots & 0 & c_1 \\ 0 & 1 & \cdots & 0 & c_2 \\ \vdots & \vdots & & \vdots & \vdots \\ 0 & 0 & \cdots & 1 & c_n \end{pmatrix}$$

由此得方程组的解为

$$x_1 = c_1, x_2 = c_2, \cdots, x_n = c_n.$$

　　例 3　用高斯消元法解线性方程组

$$\begin{cases} 2x_1 - 3x_2 + x_3 - x_4 = 3 \\ 3x_1 + x_2 + x_3 + x_4 = 0 \\ 4x_1 - x_2 - x_3 - x_4 = 7 \\ -2x_1 - x_2 + x_3 + x_4 = -5 \end{cases}$$

　　解

$$(A,b) = \begin{pmatrix} 2 & -3 & 1 & -1 & 3 \\ 3 & 1 & 1 & 1 & 0 \\ 4 & -1 & -1 & -1 & 7 \\ -2 & -1 & 1 & 1 & -5 \end{pmatrix} \xrightarrow{r_1 \leftrightarrow r_2} \begin{pmatrix} 3 & 1 & 1 & 1 & 0 \\ 2 & -3 & 1 & -1 & 3 \\ 4 & -1 & -1 & -1 & 7 \\ -2 & -1 & 1 & 1 & -5 \end{pmatrix}$$

$$\xrightarrow{r_1 + r_3} \begin{pmatrix} 7 & 0 & 0 & 0 & 7 \\ 2 & -3 & 1 & -1 & 3 \\ 4 & -1 & -1 & -1 & 7 \\ -2 & -1 & 1 & 1 & -5 \end{pmatrix} \xrightarrow{\frac{1}{7}r_1 - r_4} \begin{pmatrix} 1 & 0 & 0 & 0 & 1 \\ 2 & -3 & 1 & -1 & 3 \\ 4 & -1 & -1 & 1 & 7 \\ 2 & 1 & -1 & -1 & 5 \end{pmatrix}$$

$$\xrightarrow[\substack{r_3 - 4r_1 \\ r_4 - 2r_1}]{r_2 - 2r_1} \begin{pmatrix} 1 & 0 & 0 & 0 & 1 \\ 0 & -3 & 1 & -1 & 1 \\ 0 & -1 & -1 & -1 & 3 \\ 0 & 1 & -1 & -1 & 3 \end{pmatrix} \xrightarrow{r_2 \leftrightarrow r_4} \begin{pmatrix} 1 & 0 & 0 & 0 & 1 \\ 0 & 1 & -1 & -1 & 3 \\ 0 & -1 & -1 & -1 & 3 \\ 0 & -3 & 1 & -1 & 1 \end{pmatrix}$$

$$\xrightarrow[\substack{r_4 + 3r_2}]{r_3 + r_2} \begin{pmatrix} 1 & 0 & 0 & 0 & 1 \\ 0 & 1 & -1 & -1 & 3 \\ 0 & 0 & -2 & -2 & 6 \\ 0 & 0 & -2 & -4 & 10 \end{pmatrix} \xrightarrow{r_4 - r_3} \begin{pmatrix} 1 & 0 & 0 & 0 & 1 \\ 0 & 1 & -1 & -1 & 3 \\ 0 & 0 & -2 & -2 & 6 \\ 0 & 0 & 0 & -2 & 4 \end{pmatrix}$$

$$\xrightarrow[-\frac{1}{2}r_4]{-\frac{1}{2}r_3} \begin{pmatrix} 1 & 0 & 0 & 0 & 1 \\ 0 & 1 & -1 & -1 & 3 \\ 0 & 0 & 1 & 1 & -3 \\ 0 & 0 & 0 & 1 & -2 \end{pmatrix} \xrightarrow[r_3-r_4]{r_2+r_3} \begin{pmatrix} 1 & 0 & 0 & 0 & 1 \\ 0 & 1 & 0 & 0 & 0 \\ 0 & 0 & 1 & 0 & -1 \\ 0 & 0 & 0 & 1 & -2 \end{pmatrix}.$$

方程组得解为

$$x_1 = 1, x_2 = 0, x_3 = -1, x_4 = -2$$

3.4　一般线性方程组

学习任务

知识目标:1. 掌握非齐次线性方程组的求法;

　　　　　2. 掌握齐次线性方程组的求法.

能力目标:1. 能掌握非齐次线性方程组的求法;

　　　　　2. 能掌握齐次线性方程组的求法.

学习重点:非齐次线性方程组的求法;齐次线性方程组的求法.

学习难点:非齐次线性方程组的求法;齐次线性方程组的求法.

线性方程组的一般形式为

$$\begin{cases} a_{11}x_1 + a_{12}x_2 + \cdots + a_{1n}x_n = b_1 \\ a_{21}x_1 + a_{22}x_2 + \cdots + a_{2n}x_n = b_2 \\ \qquad\qquad\vdots \\ a_{m1}x_1 + a_{m2}x_2 + \cdots + a_{mn}x_n = b_m \end{cases} \qquad (\text{Ⅰ})$$

它是由 n 个未知数, m 个一次方程组成的方程组. 若常数项 $b_1, b_2, \cdots, b_m$ 不全为零时,方程组(Ⅰ)叫作非齐次线性方程组;若这些常数全为零时,方程(Ⅰ)变成

$$\begin{cases} a_{11}x_1 + a_{12}x_2 + \cdots + a_{1n}x_n = 0 \\ a_{21}x_1 + a_{22}x_2 + \cdots + a_{2n}x_n = 0 \\ \qquad\qquad\vdots \\ a_{m1}x_1 + a_{m2}x_2 + \cdots + a_{mn}x_n = 0 \end{cases} \qquad (\text{Ⅱ})$$

叫作齐次线性方程组.

3.4.1　非齐次线性方程组

方程组(Ⅰ)的系数矩阵和增广矩阵分别为

$$\boldsymbol{A} = \begin{pmatrix} a_{11} & a_{12} & \cdots & a_{1n} \\ a_{21} & a_{22} & \cdots & a_{2n} \\ \vdots & \vdots & & \vdots \\ a_{m1} & a_{m2} & \cdots & a_{mn} \end{pmatrix}, \overline{\boldsymbol{A}} = \left(\begin{array}{cccc:c} a_{11} & a_{12} & \cdots & a_{1n} & b_1 \\ a_{21} & a_{22} & \cdots & a_{2n} & b_2 \\ \vdots & \vdots & & \vdots & \vdots \\ a_{m1} & a_{m2} & \cdots & a_{mn} & b_m \end{array} \right)$$

定理 1　线性方程组(Ⅰ)有解得充要条件是它的系数矩阵 $\boldsymbol{A}$ 的秩与增广矩阵 $\overline{\boldsymbol{A}}$ 的秩相

等. 即

$$r(\boldsymbol{A}) = r(\overline{\boldsymbol{A}}).$$

证明略.

应用定理 5 解决问题时. 需要求出 $r(\boldsymbol{A})$ 和 $r(\overline{\boldsymbol{A}})$. 由于矩阵 $\boldsymbol{A}$ 的元素是矩阵 $\overline{\boldsymbol{A}}$ 去掉最后一列元素, 所以只要对矩阵 $\overline{\boldsymbol{A}}$ 的行施以初等变换, 就可同时求得 $\boldsymbol{A}$ 和 $\overline{\boldsymbol{A}}$ 的秩. 由初等变换的方法求秩和求解线性方程组的过程可知, 求矩阵的秩和解线性方程组可以同步进行.

例 1 线性方程组

$$\begin{cases} x_1 - x_2 + x_3 - x_4 = 1 \\ x_1 - x_2 - x_3 + x_4 = -1 \\ x_1 - x_2 - 2x_3 + 2x_4 = 2 \end{cases}$$

是否有解?

解

$$\overline{\boldsymbol{A}} = \begin{pmatrix} 1 & -1 & 1 & -1 & \vdots & 1 \\ 1 & -1 & -1 & 1 & \vdots & -1 \\ 1 & -1 & -2 & 2 & \vdots & 2 \end{pmatrix} \xrightarrow[r_3 - r_1]{r_2 - r_1} \begin{pmatrix} 1 & 1 & 1 & -1 & \vdots & 1 \\ 0 & 0 & -2 & 2 & \vdots & -2 \\ 0 & 0 & -3 & 3 & \vdots & 1 \end{pmatrix}$$

$$\xrightarrow{r_3 - \frac{3}{2}r_2} \begin{pmatrix} 1 & -1 & 1 & -1 & \vdots & 1 \\ 0 & 0 & -2 & 2 & \vdots & -2 \\ 0 & 0 & 0 & 0 & \vdots & 4 \end{pmatrix} = \boldsymbol{B}.$$

由 $\boldsymbol{B}$ 可知 $r(\boldsymbol{A}) = 2, r(\overline{\boldsymbol{A}}) = 3$, 即 $r(\boldsymbol{A}) \neq r(\overline{\boldsymbol{A}})$, 所以方程无解.

如果方程组（Ⅰ）有解, 那么它的解是唯一的, 还是有无穷多个? 下面定理回答了这个问题.

定理 2 设在方程组（Ⅰ）中, $r(\boldsymbol{A}) = r(\overline{\boldsymbol{A}}) = r$

①若 $r = n$, 则方程组（Ⅰ）有唯一解;

②若 $r < n$, 则方程组（Ⅰ）有无穷多个解.

证明略.

例 2 解线性方程组

$$\begin{cases} x_1 + 2x_2 - 3x_3 = 13 \\ 2x_1 + 3x_2 + x_3 = 4 \\ 3x_1 - x_2 + 2x_3 = -1 \\ x_1 - x_2 + 3x_3 = -8 \end{cases}$$

解

$$\overline{\boldsymbol{A}} = \begin{pmatrix} 1 & 2 & -3 & \vdots & 13 \\ 2 & 3 & 1 & \vdots & 4 \\ 3 & -1 & 2 & \vdots & -1 \\ 1 & -1 & 3 & \vdots & -8 \end{pmatrix} \rightarrow \begin{pmatrix} 1 & 2 & -3 & \vdots & 13 \\ 0 & -1 & 7 & \vdots & -22 \\ 0 & -7 & 11 & \vdots & -40 \\ 0 & -3 & 6 & \vdots & -21 \end{pmatrix} \rightarrow \begin{pmatrix} 1 & 2 & -3 & \vdots & 13 \\ 0 & -1 & 7 & \vdots & -22 \\ 0 & 0 & -38 & \vdots & 114 \\ 0 & 0 & -15 & \vdots & 45 \end{pmatrix}$$

$$\rightarrow \begin{pmatrix} 1 & 2 & -3 & \vdots & 13 \\ 0 & -1 & 7 & \vdots & -22 \\ 0 & 0 & 1 & \vdots & -3 \\ 0 & 0 & 1 & \vdots & -3 \end{pmatrix} \rightarrow \begin{pmatrix} 1 & 2 & -3 & \vdots & 13 \\ 0 & 1 & -7 & \vdots & 22 \\ 0 & 0 & 1 & \vdots & -3 \\ 0 & 0 & 0 & \vdots & 0 \end{pmatrix} = \boldsymbol{B}$$

由 B 可知 $r(A) = r(\overline{A}) = 3$ 等于未知数的个数,方程组有唯一解,继续对 B 的前三行施初等变换.

$$\begin{pmatrix} 1 & 2 & -3 & \vdots & 13 \\ 0 & 1 & -7 & \vdots & 22 \\ 0 & 0 & 1 & \vdots & -3 \end{pmatrix} \rightarrow \begin{pmatrix} 1 & 2 & 0 & \vdots & 4 \\ 0 & 1 & 0 & \vdots & 1 \\ 0 & 0 & 1 & \vdots & -3 \end{pmatrix} \rightarrow \begin{pmatrix} 1 & 0 & 0 & \vdots & 2 \\ 0 & 1 & 0 & \vdots & 1 \\ 0 & 0 & 1 & \vdots & -3 \end{pmatrix}$$

于是方程组的解为

$$x_1 = 2, x_2 = 1, x_3 = -3.$$

例 3　解线性方程组

$$\begin{cases} 2x_1 - x_2 + x_3 + x_4 = 1 \\ x_1 + 2x_2 - x_3 + 4x_4 = 2 \\ x_1 + 7x_2 - 4x_3 + 11x_4 = 5 \end{cases}$$

解

$$\overline{A} = \begin{pmatrix} 2 & -1 & 1 & 1 & \vdots & 1 \\ 1 & 2 & -1 & 4 & \vdots & 2 \\ 1 & 7 & -4 & 11 & \vdots & 5 \end{pmatrix} \rightarrow \begin{pmatrix} 0 & -5 & -3 & -7 & \vdots & -3 \\ 1 & 2 & -1 & 4 & \vdots & 2 \\ 0 & 5 & -3 & 7 & \vdots & 3 \end{pmatrix}$$

$$\rightarrow \begin{pmatrix} 0 & -5 & 3 & -7 & \vdots & -3 \\ 1 & 2 & -1 & 4 & \vdots & 2 \\ 0 & 0 & 0 & 0 & \vdots & 0 \end{pmatrix} \rightarrow \begin{pmatrix} 1 & 2 & -1 & 4 & \vdots & 2 \\ 0 & 1 & -\dfrac{5}{3} & \dfrac{7}{5} & \vdots & \dfrac{5}{3} \\ 0 & 0 & 0 & 0 & \vdots & 0 \end{pmatrix}$$

$$\rightarrow \begin{pmatrix} 1 & 0 & \dfrac{1}{5} & \dfrac{6}{5} & \vdots & \dfrac{4}{5} \\ 0 & 1 & -\dfrac{3}{5} & \dfrac{7}{5} & \vdots & \dfrac{3}{5} \\ 0 & 0 & 0 & 0 & \vdots & 0 \end{pmatrix} = B$$

由 B 可知 $r(A) = r(\overline{A}) = 2$,小于未知数的个数,所以方程组有无穷多个解,对应方程组有

$$\begin{cases} x_1 + \dfrac{1}{5}x_3 + \dfrac{6}{5}x_4 = \dfrac{4}{5} \\ x_2 - \dfrac{3}{5}x_3 + \dfrac{7}{5}x_4 = \dfrac{3}{5} \end{cases}$$

$$\begin{cases} x_1 = \dfrac{4}{5} - \dfrac{1}{5}x_3 - \dfrac{6}{5}x_4 \\ x_2 = \dfrac{3}{5} + \dfrac{3}{5}x_3 - \dfrac{7}{5}x_4 \end{cases}$$

其中 x_3 与 x_4 的值可以任取,令 $x_3 = c_1, x_4 = c_2$ 则方程组的解为

$$\begin{cases} x_1 = \dfrac{4}{5} - \dfrac{1}{5}c_1 - \dfrac{6}{5}c_2 \\ x_2 = \dfrac{3}{5} + \dfrac{3}{5}c_1 - \dfrac{7}{5}c_2. \\ x_3 = c_1 \\ x_4 = c_2 \end{cases}$$

3.4.2　齐次线性方程组

由于齐次线性方程组（Ⅱ）是非齐次线性方程组（Ⅰ）的特殊情况,而且方程组（Ⅱ）的增广矩阵$\overline{A}$的秩与系数矩阵A的秩总是相等的,因此,由定理 5 可知,齐次线性方程组（Ⅱ）总是有解的. 显然方程组（Ⅱ）至少有一个零解（平凡解）

$$x_1 = x_2 = \cdots = x_n = 0.$$

把定理 2 应用于齐次线性方程组还可以得到下面定理

定理 3　设在齐次线性方程组（Ⅱ）中,$r(A) = r$

①若 $r = n$,则方程组（Ⅱ）只有零解;

②若 $r < n$,则方程组（Ⅱ）有无穷多个非零解.

例 4　解方程组

$$\begin{cases} x_1 + 2x_2 + 3x_3 = 0 \\ 2x_1 + 3x_2 + x_3 = 0 \\ x_1 + x_2 - 2x_3 = 0 \\ 3x_1 + 5x_2 + 4x_3 = 0 \end{cases}$$

解

$$A = \begin{pmatrix} 1 & 2 & 3 \\ 2 & 3 & 1 \\ 1 & 1 & -2 \\ 3 & 5 & 4 \end{pmatrix} \rightarrow \begin{pmatrix} 1 & 2 & 3 \\ 0 & -1 & -5 \\ 0 & -1 & -5 \\ 0 & -1 & -5 \end{pmatrix} \rightarrow \begin{pmatrix} 1 & 0 & -7 \\ 0 & -1 & -5 \\ 0 & 0 & 0 \\ 0 & 0 & 0 \end{pmatrix} \rightarrow \begin{pmatrix} 1 & 0 & -7 \\ 0 & 1 & 5 \\ 0 & 0 & 0 \\ 0 & 0 & 0 \end{pmatrix} = B$$

由 B 可知 $r(A) = 2 < 3$. 根据定理 7,方程组不但有零解,而且还有无穷多个非零解. 以 B 的前两行为系数写出所对应的方程组

$$\begin{cases} x_1 - 7x_3 = 0 \\ x_2 + 5x_3 = 0 \end{cases}$$

解得

$$\begin{cases} x_1 = 7x_3 \\ x_2 = -5x_3 \end{cases}$$

于是得方程组的解为

$$\begin{cases} x_1 = 7c \\ x_2 = -5c. \\ x_3 = c \end{cases}$$

例 5　若方程组

$$\begin{cases} x_1 + ax_2 + a^2 x_3 = 0 \\ ax_1 + a^2 x_2 + x_3 = 0 \\ a^2 x_1 + x_2 + ax_3 = 0 \end{cases}$$

有非零解,问 a 应为何值?

解

$$A = \begin{pmatrix} 1 & a & a^2 \\ a & a^2 & 1 \\ a^2 & 1 & a \end{pmatrix}$$

该方程组若有非零解,则有 $r(A) < 3$,即 $|A| = 0$,又

$$|A| = \begin{vmatrix} 1 & a & a^2 \\ a & a^2 & 1 \\ a^2 & 1 & a \end{vmatrix} = a^3 + a^3 + a^3 - a^6 - a^3 - 1 = -a^6 + 2a^3 - 1$$

由 $|A| = -a^6 + 2a^3 - 1 = 0$,解得 $a = 1$.

即当 $a = 1$ 时,该方程组有非零解.

3.5 线性代数实验

学习任务

知识目标:1. 掌握用 MATLAB 求行列式;

2. 掌握用 MATLAB 求矩阵;

3. 掌握用 MATLAB 求线性方程组.

能力目标:1. 能掌握用 MATLAB 求行列式;

2. 能掌握用 MATLAB 求矩阵;

3. 能掌握用 MATLAB 求线性方程组.

学习重点:用 MATLAB 软件求行列式、矩阵、线性方程组.

学习难点:用 MATLAB 软件求行列式、矩阵、线性方程组.

3.5.1 行列式的计算

(1)实验目的

①掌握如何应用 MATLAB 软件中的命令计算行列式的值.

②加深对行列式的理解.

(2)学习软件 MATLAB 的命令

det(A)

功能:计算行列式 A 的值,其中 A 为 n 阶方阵.

(3)实验内容

①计算行列式 $A = \begin{vmatrix} 1 & 0 & 2 & 1 \\ -1 & 2 & 2 & 3 \\ 2 & 3 & 3 & 1 \\ 0 & 1 & 2 & 1 \end{vmatrix}$ 的值.

②计算行列式 $\boldsymbol{A} = \begin{vmatrix} a & 1 & 0 & 0 \\ -1 & b & 1 & 0 \\ 0 & -1 & c & 1 \\ 0 & 0 & -1 & d \end{vmatrix}$ 的值

(4)实验过程

1)＞＞clear

＞＞A＝[1 0 2 1;－1 2 2 3;2 3 3 1;0 1 2 1]

A＝

    1   0   2   1

   －1   2   2   3

    2   3   3   1

    0   1   2   1

＞＞det(A)

ans＝14

2)＞＞clear

＞＞syms a b c d

＞＞A＝[a 1 0 0;－1 b 1 0;0 －1 c 1;0 0 －1 d]

A＝

    [a,   1,   0,   0]

    [－1,   b,   1,   0]

    [0,   －1,   c,   1]

    [0,   0,   －1,   d]

＞＞det(A)

ans＝a＊b＊c＊d＋a＊b＋a＊d＋c＊d＋1

(5)练习内容

利用软件 MATLAB 求下列行列式的值

① $\begin{vmatrix} \dfrac{3}{2} & \dfrac{1}{2} & -\dfrac{1}{2} & 0 \\ 5 & 1 & 3 & -1 \\ \dfrac{2}{3} & 0 & 0 & \dfrac{1}{3} \\ 0 & -5 & 3 & 1 \end{vmatrix}$；② $\begin{vmatrix} 1 & 1 & 1 \\ a & a & a \\ a^2 & a^2 & a^2 \end{vmatrix}$

3.5.2 矩阵的运算

(1)实验目的

①掌握 MATLAB 软件在矩阵运算中的命令.

②加深对矩阵的理解.

（2）学习软件 MATLAB 的命令

1）矩阵的运算符号

" + "加法," − "减法," ∗ "乘法," \ "左除," / "右除（在 MATLAB 中矩阵可以相除,而在线性代数中并没有定义矩阵的除法）," ' "矩阵的转置.

2）rref(A)

功能:将矩阵 A 经过初等变换化为与之等价的行阶梯形矩阵.

3）inv(A)

功能:求矩阵 A 的逆矩阵.

4）rank(A)

功能:求矩阵 A 的秩.

（3）实验内容

已知矩阵 $A = \begin{pmatrix} 1 & 2 & 3 \\ 2 & 1 & 2 \\ 3 & 3 & 1 \end{pmatrix}$ 和 $B = \begin{pmatrix} 3 & 2 & 4 \\ 2 & 5 & 3 \\ 2 & 3 & 1 \end{pmatrix}$,

①计算 $2A - B, AB, BA, A^{\mathrm{T}}$.

②将矩阵 A 化为阶梯形矩阵.

③求矩阵 A 的逆矩阵.

④求矩阵 B 的秩.

（4）实验过程

1）＞＞ clear

＞＞ A = [1 2 3;2 1 2;3 3 1];

＞＞ B = [3 2 4;2 5 3;2 3 1];

＞＞ 2 ∗ A − B

ans =

     −1   2   2

      2   −3   1

      4   3   1

＞＞ A ∗ B

ans =

     13   21   13

     12   15   13

     17   24   22

＞＞ B ∗ A

ans =

     19   20   17

     21   18   19

     11   10   13

＞＞ A'

ans =

$$\begin{matrix} 1 & 2 & 3 \\ 2 & 1 & 3 \\ 3 & 2 & 1 \end{matrix}$$

2）>> rref(A)

ans =

$$\begin{matrix} 1 & 0 & 0 \\ 0 & 1 & 0 \\ 0 & 0 & 1 \end{matrix}$$

3）>> inv(A)

ans =

$$\begin{matrix} -0.4167 & 0.5833 & 0.0833 \\ 0.3333 & -0.6667 & 0.3333 \\ 0.2500 & 0.2500 & -0.2500 \end{matrix}$$

4）>> rank(B)

ans = 3

（5）练习内容

①已知矩阵 $\boldsymbol{A} = \begin{pmatrix} 1 & 1 & 1 \\ 1 & 2 & 3 \\ 1 & 3 & 6 \end{pmatrix}$ 和 $\boldsymbol{B} = \begin{pmatrix} 8 & 1 & 6 \\ 3 & 5 & 7 \\ 4 & 9 & 2 \end{pmatrix}$，求 $2\boldsymbol{A}+3\boldsymbol{B}, \boldsymbol{B}-\boldsymbol{A}, \boldsymbol{AB}, \boldsymbol{B}^{\mathrm{T}}$.

②求下列矩阵的逆矩阵.

a. $\begin{pmatrix} 1 & 0 & 1 \\ 2 & 1 & 0 \\ -3 & 2 & -5 \end{pmatrix}$ 　　　　b. $\begin{pmatrix} 3 & 2 & 1 \\ 6 & 4 & 2 \\ 1 & 2 & 5 \end{pmatrix}$

c. $\begin{pmatrix} 1 & 0 & 0 & 0 \\ 2 & 1 & 0 & 0 \\ 3 & 2 & 1 & 0 \\ 4 & 3 & 2 & 1 \end{pmatrix}$ 　　　　d. $\begin{pmatrix} 1 & 1 & 0 & 0 \\ 1 & 2 & 0 & 0 \\ 3 & 7 & 2 & 3 \\ 2 & 5 & 1 & 2 \end{pmatrix}$

③求矩阵下列的秩.

a. $\boldsymbol{A} = \begin{pmatrix} 2 & 1 & 1 & 2 \\ 1 & 2 & 2 & 1 \\ 1 & 2 & 1 & 2 \\ 2 & 2 & 1 & 1 \end{pmatrix}$ 　　　　b. $\boldsymbol{A} = \begin{pmatrix} 1 & 2 & 2 & 11 \\ 1 & -3 & -3 & -14 \\ 3 & 1 & 1 & 8 \end{pmatrix}$

④将 $\boldsymbol{A} = \begin{pmatrix} 3 & 1 & 0 & 2 \\ 1 & -1 & 2 & -1 \\ 1 & 3 & -4 & 4 \end{pmatrix}$ 化为阶梯形矩阵.

3.5.3　求解线性方程组

（1）实验目的

掌握如何应用 MATLAB 软件解线性方程组.

（2）学习软件 MATLAB 的命令

1）解齐次线性方程组 $AX = 0$

通过求系数矩阵 A 的秩来判断解的情况：

①如果系数矩阵的秩为 n（方程组中未知数的个数），则方程组只有零解.

②如果系数矩阵的秩小于 n，则方程组有无穷多解.

2）解非齐次线性方程组 $AX = b$

根据系数矩阵 A 的秩和增广矩阵 $\overline{A} = (A, b)$ 的秩和未知数个数 n 的关系，判断方程组 $AX = b$ 的解的情况：

①如果系数矩阵的秩等于增广矩阵的秩等于 n，则方程组有唯一解.

②如果系数矩阵的秩等于增广矩阵的秩小于 n，则方程组有无穷多解.

③如果系数矩阵的秩小于增广矩阵的秩，则方程组无解.

3）所用相关命令有 rref(A)，rank(A)，inv(A)

（3）实验内容

①求解齐次线性方程组 $\begin{cases} -x_1 - 2x_2 + 4x_3 = 0 \\ 2x_1 + x_2 + x_3 = 0 \\ x_1 + x_2 - x_3 = 0 \end{cases}$.

②解线性方程组 $AX = b$，$A = \begin{pmatrix} 2 & 1 & 2 \\ 2 & 1 & 4 \\ 3 & 2 & 1 \end{pmatrix}$，$b = \begin{pmatrix} 3 \\ 1 \\ 7 \end{pmatrix}$.

③解方程组 $\begin{cases} x_1 - x_2 + x_3 - x_4 = 1 \\ -x_1 + x_2 + x_3 - x_4 = 1 \\ 2x_1 - 2x_2 - x_3 + x_4 = -1 \end{cases}$.

（4）实验过程

1）　>> clear

　　>> A = [-1 -2 4; 2 1 1; 1 1 -1];

　　>> rank(A)

　　ans = 2

　　>> rref(A)

　　ans =

　　　1　　0　　2

　　　0　　1　　-3

　　　0　　0　　0

说明方程有无穷多解，并且解为 $x_1 = -2c, x_2 = 3c, x_3 = c$.

2）>> clear

>> A = [2 1 2; 2 1 4; 3 2 1]

>> b = [3 1 7]';

>> X = A\b

X =

　　2. 0000

　　1. 0000

　　－1. 0000

方程组的解为$(2,1,-1)$.

　　3) ＞＞clear

　　＞＞A = [1　－1 1　－1;－1 1 1　－1;2　－2　－1 1];

　　＞＞b = [1 1　－1]';

　　＞＞C = [rank(A)　rank([A b])]

　　C =

　　　　2　　2

表示 **A** 的秩为 2,$\overline{A}$的秩为 2,小于未知数的个数 4

再输入

　　＞＞rref([A b])

　　ans =

　　　　1　　－1　　0　　0　　0

　　　　0　　0　　1　　－1　　1

　　　　0　　0　　0　　0　　0

方程组的解为 $x_1 = x_2,x_3 = x_4 + 1(x_2,x_4$ 任意).

　　(5)练习内容

①已知矩阵 $\boldsymbol{A} = \begin{pmatrix} 2 & 1 & -1 \\ 2 & 1 & 0 \\ 1 & -1 & 1 \end{pmatrix}$ 和 $\boldsymbol{B} = \begin{pmatrix} 1 & -1 & 3 \\ 4 & 3 & 2 \\ 1 & -2 & 5 \end{pmatrix}$,求 $\boldsymbol{AX} = \boldsymbol{B},\boldsymbol{XA} = \boldsymbol{B}$.

②解下列线性方程组

a. $\begin{cases} x_1 + x_2 + 2x_3 - x_4 = 0 \\ 2x_1 + x_2 + x_3 - x_4 = 0 \\ 2x_1 + 2x_2 + x_3 - 2x_4 = 0 \end{cases}$

b. $\begin{cases} 3x_1 + 4x_2 - 5x_3 + 7x_4 = 0 \\ 2x_1 - 3x_2 + 3x_3 - 2x_4 = 0 \\ 4x_1 + 11x_2 - 13x_3 + 16x_4 = 0 \\ 7x_{11} - 2x_2 + x_3 + 3x_4 = 0 \end{cases}$

c. $\begin{cases} 2x_1 - x_2 + 3x_3 = -7 \\ 4x_1 + 2x_2 + 5x_3 = -8 \\ 2x_1 + 2x_3 = 7 \end{cases}$

d. $\begin{cases} x_1 + 2x_2 - 3x_3 = 13 \\ 2x_1 + 3x_2 + x_3 = 4 \\ 3x_1 - x_2 + 2x_3 = -1 \\ x_1 - x_2 + 3x_3 = -8 \end{cases}$

e. $\begin{cases} 2x_1 + x_2 - x_3 + x_4 = 1 \\ 3x_1 - 2x_2 + 2x_3 - 3x_4 = 2 \\ 5x_1 + x_2 - x_3 + 2x_4 = -1 \\ 2x_1 - x_2 + x_3 - 3x_4 = 4 \end{cases}$

练习题

1. 选择题

（1）行列式 $\begin{vmatrix} a & 2 & 0 \\ 2 & a & 0 \\ 1 & 3 & 4 \end{vmatrix} > 0$ 的充要条件是（　　）.

　　A. $|a| < 2$　　　　　　B. $|a| > 2$　　　　　　C. $a > 0$　　　　　　D. $a < -2$

（2）若二阶行列式 $|\boldsymbol{A}| = \begin{vmatrix} a_{11} & a_{12} \\ a_{21} & a_{22} \end{vmatrix}$，则元素 a_{12} 的代数余子式 A_{12}（　　）.

　　A. $-a_{21}$　　　　　　B. a_{21}　　　　　　C. $-a_{22}$　　　　　　D. a_{22}

（3）线性方程组 $\begin{cases} \lambda x - y = a \\ -x + \lambda y = b \end{cases}$ 仅有唯一解，则 λ 应满足（　　）.

　　A. 等于 1　　　　　　B. 等于 -1　　　　　　C. 等于 2　　　　　　D. 异于 ± 1 的实数.

（4）若行列式 $\begin{vmatrix} 1 & 2 & 5 \\ 1 & 3 & -2 \\ 2 & 5 & x \end{vmatrix} = 0$，则 $x = $（　　）.

　　A. -3　　　　　　B. -2　　　　　　C. 3　　　　　　D. 2

（5）设 $\begin{vmatrix} a_1 & b_1 & c_1 & d_1 \\ a_2 & b_2 & c_2 & d_2 \\ a_3 & b_3 & c_3 & d_3 \\ a_4 & b_4 & c_4 & d_4 \end{vmatrix} = m$，$\begin{vmatrix} a_1 & c_1 & b_1 & f_1 \\ a_2 & c_2 & b_2 & f_2 \\ a_3 & c_3 & b_3 & f_3 \\ a_4 & c_4 & b_4 & f_4 \end{vmatrix} = n$，则 $\begin{vmatrix} a_1 & b_1 & c_1 & 2d_1+f_1 \\ a_2 & b_2 & c_2 & 2d_2+f_2 \\ a_3 & b_3 & c_3 & 2d_3+f_3 \\ a_4 & b_4 & c_4 & 2d_4+f_4 \end{vmatrix} = $（　　）.

　　A. $m + n$　　　　　　B. $m - n$　　　　　　C. $2m - n$　　　　　　D. $2m + n$

（6）已知行列式 $A = \begin{vmatrix} 0 & a_1 & 0 & \vdots & 0 \\ 0 & 0 & a_2 & \vdots & 0 \\ \vdots & \vdots & \vdots & \vdots & \vdots \\ 0 & 0 & 0 & \vdots & a_{n-1} \\ a_{n1} & a_{n2} & a_{n3} & \vdots & a_{nn} \end{vmatrix}$，则 A（　　）.

　　A. 0

　　B. $a_1 a_2 \cdots a_{n-1} a_{n1}$

　　C. $-a_1 a_2 \cdots a_{n-1} a_{n1}$

　　D. $(-1)^{n+1} a_1 a_2 \cdots a_{n-1} a_{n1}$

（7）称为零矩阵的矩阵是（　　）.

　　A. 至少有一个零元素　　　　　　B. 全为零元素

　　C. 至少有一个非零元素　　　　　　D. 必须有零元素

（8）设 $\boldsymbol{A}$ 为 n 阶方阵，则下列矩阵为对称矩阵的是（　　）.

　　A. $\boldsymbol{A} + \boldsymbol{A}^{\mathrm{T}}$　　　　　　B. $\boldsymbol{A} - \boldsymbol{A}^{\mathrm{T}}$　　　　　　C. $2\boldsymbol{A}$　　　　　　D. $\boldsymbol{A}^2$

（9）设 $\boldsymbol{A} = (a_{ij})_{s \times n}$，$(s \neq n)$ 为实矩阵，且 $\boldsymbol{A} \neq 0$ 则（　　）.

　　A. $\boldsymbol{A}$ 可自身相乘　　　　　　　　B. $\boldsymbol{A}$ 可与 $\boldsymbol{A}^{\mathrm{T}}$ 相加

C. A 可自身相加　　　　　　　　　　　D. A 与 A^{T} 不能相乘.

（10）若矩阵 A 与 B，有 $AB = 0$，则（　　）.

  A. $A = 0$ 或 $B = 0$　　　　　　　　　　B. $A = 0$ 且 $B = 0$

  C. $A \neq 0$ 且 $B \neq 0$　　　　　　　　　　D. 以上结论都有可能

（11）设矩阵 $A = \begin{pmatrix} 1 & 2 \\ 4 & 3 \end{pmatrix}$，$B = \begin{pmatrix} x & 1 \\ 2 & y \end{pmatrix}$，当 x 与 y 之间具有关系（　　）时，有 $AB = BA$.

  A. $2x = y$　　　　　　B. $y = 2x$　　　　　　C. $y = x + 1$　　　　　　D. $y = x - 1$

（12）设 A 是 n 阶方阵，λ 为实数，下列等式成立的是（　　）.

  A. $|\lambda A| = \lambda |A|$　　　　　　　　　　　B. $|\lambda A| = |\lambda| \, |A|$

  C. $|\lambda A| = |\lambda^n| \, |A|$　　　　　　　　　D. $|\lambda A| = \lambda^n |A|$

（13）设矩阵 $A = \begin{pmatrix} 2 & 3 \\ 1 & 4 \end{pmatrix}$，则 A 的伴随矩阵 $A^* = $（　　）.

  A. $\begin{pmatrix} -4 & 3 \\ 1 & -2 \end{pmatrix}$　　　　B. $\begin{pmatrix} 4 & -3 \\ -1 & 2 \end{pmatrix}$　　　　C. $\begin{pmatrix} -2 & 3 \\ -1 & 2 \end{pmatrix}$　　　　D. $\begin{pmatrix} 2 & -3 \\ -1 & 4 \end{pmatrix}$

（14）设 A，B 是两个同阶可逆矩阵，则下列关系中不正确的是（　　）.

  A. $(AB)^{-1} = A^{-1} B^{-1}$　　　　　　　　B. $(AB)^{-1} = B^{-1} A^{-1}$

  C. $(A^{-1})^{-1} = A$　　　　　　　　　　　D. $(A^{-1})^{\mathrm{T}} = (A^{\mathrm{T}})^{-1}$

（15）设 A，B 是同阶可逆矩阵，则矩阵方程 $AX + B = AB$ 的解为（　　）.

  A. $X = (A - A^{-1})B$　　　　　　　　　　B. $X = (A - I)B$

  C. $X = (I - A)B$　　　　　　　　　　　D. $X = A^{-1}(A - I)B$

（16）已知 $\begin{pmatrix} 1 & 0 \\ 0 & \dfrac{1}{3} \end{pmatrix} X \begin{pmatrix} 0 & \dfrac{1}{3} \\ 1 & 0 \end{pmatrix} = \begin{pmatrix} 1 & 2 \\ 3 & 1 \end{pmatrix}$，则 $X = $（　　）.

  A. $\begin{pmatrix} 1 & 3 \\ 9 & 2 \end{pmatrix}$　　　　B. $\begin{pmatrix} 9 & 3 \\ 1 & 2 \end{pmatrix}$　　　　C. $\begin{pmatrix} 6 & 1 \\ 9 & 9 \end{pmatrix}$　　　　D. $\begin{pmatrix} 9 & 9 \\ 6 & 0 \end{pmatrix}$

（17）在一秩为 r 的矩阵中，任一 r 阶子式（　　）.

  A. 不会都不等于 0　　　　　　　　　　B. 可以等于 0，也可以不等于 0

  C. 必等于 0　　　　　　　　　　　　　D. 必不等于 0

（18）在一秩为 r 的矩阵中，任一 r 阶子式（　　）.

  A. 必等于 0　　　　　　　　　　　　　B. 必不等于 0

  C. 不会都不等于 0　　　　　　　　　　D. 可以等于 0，也可以不等于 0

（19）求矩阵的秩时，所做的初等变换只能是（　　）.

  A. 对行施以初等变换　　　　　　　　　B. 对列施以初等变换

  C. 既可对行又可对列施以初等变换　　　D. 以上做法都不对

（20）用矩阵的初等变换解线性方程组时，所做的初等变换只能是（　　）.

  A. 对增广矩阵的行施以初等变换

  B. 对增广矩阵的列施以初等变换

  C. 对增广矩阵的行和列交替进行初等变换

  D. 对系数矩阵进行初等变换

(21)若齐次线性方程组 $\begin{cases} \lambda x_1 + x_2 + x_3 = 0 \\ x_1 + \lambda x_2 + x_3 = 0 \\ x_1 + x_2 + \lambda x_3 = 0 \end{cases}$ 仅有零解,则(　　).

  A. $\lambda \neq \pm 1$ B. $\lambda \neq \pm 2$ C. $\lambda \neq 1$ 且 $\lambda \neq 2$ D. $\lambda \neq 1$

(22)线性方程组 $\begin{cases} x_1 - 2x_2 + x_3 + x_4 = 1 \\ x_1 - 2x_2 + x_3 - x_4 = -1 \\ x_1 - 2x_2 + x_3 + 5x_4 = 5 \end{cases}$

有(　　).

  A. 唯一解   B. 无穷多解   C. 无解   D. 不能确定

2. 填空题

(1)对于矩阵 $\boldsymbol{A} = \begin{pmatrix} 0 & 1 & 0 \\ a & 0 & c \\ b & 0 & 0 \end{pmatrix}$,当 $a = $ _____ ,当 $b = $ _____ ,当 $c = $ _____ ,$\boldsymbol{A}$ 是对

称矩阵.

(2)若 $\boldsymbol{A} = \begin{pmatrix} 1 & 0 \\ \lambda & 1 \end{pmatrix}$,则矩阵 $\boldsymbol{A}$ 的 k 次方幂 $\boldsymbol{A}^k = $ _____ .

(3)若 $\boldsymbol{A}$ 是 5 阶方阵,且 $|\boldsymbol{A}| = 1$,则 $|-2\boldsymbol{A}| = $ _____ .

(4)若 $\boldsymbol{A}, \boldsymbol{B}$ 互为逆矩阵时,$\boldsymbol{AB} = $ _____ .

(5)当 $k = $ _____ 时,矩阵 $\boldsymbol{A} = \begin{pmatrix} 1 & k \\ 2 & 1 \end{pmatrix}$ 不可逆.

(6)设矩阵方程 $\boldsymbol{AXB} = C$,其中 $|\boldsymbol{A}| \neq 0, |\boldsymbol{B}| \neq 0$,则 $\boldsymbol{X} = $ _____ ,

3. 求下列各行列式的值

(1) $\begin{vmatrix} \tan \alpha & -1 \\ 1 & \tan \alpha \end{vmatrix}$ (2) $\begin{vmatrix} x-1 & 1 \\ x^3 & x^2+x-1 \end{vmatrix}$

(3) $\begin{vmatrix} 1+\cos x & 1+\sin x & 1 \\ 1-\cos x & 1+\cos x & 1 \\ 1 & 1 & 1 \end{vmatrix}$ (4) $\begin{vmatrix} 0 & -1 & 1 & 1 \\ 1 & -2 & 0 & 1 \\ 3 & -1 & -1 & -1 \\ 0 & 0 & 1 & -1 \end{vmatrix}$

4. 解方程 $\begin{vmatrix} 1 & 1 & 1 & 1 \\ -1 & x & 2 & 2 \\ 2 & 2 & x & -3 \\ 3 & 3 & 3 & x \end{vmatrix} = 0.$

5. 利用行列式的性质证明

(1) $\begin{vmatrix} b_1+c_1 & c_1+a_1 & a_1+b_1 \\ b_2+c_2 & c_2+a_2 & a_2+b_2 \\ b_3+c_3 & c_3+a_3 & a_3+b_3 \end{vmatrix} = 2 \begin{vmatrix} a_1 & b_1 & c_1 \\ a_2 & b_2 & c_2 \\ a_3 & b_3 & c_3 \end{vmatrix}.$

$$(2) \begin{vmatrix} 1 & a & a^2 \\ 1 & b & b^2 \\ 1 & c & c^2 \end{vmatrix} = (a-b)(b-c)(c-a).$$

6. 用克莱姆法则解线性方程组

$$(1) \begin{cases} 2x_1 - x_2 - x_3 = 2 \\ x_1 + x_2 + 4x_3 = 0 \\ 3x_1 - 7x_2 + 5x_3 = -1 \end{cases} \qquad (2) \begin{cases} 2x_1 - 3x_2 + x_3 = 0 \\ -3x_1 + 4x_2 - 2x_3 = 1 \\ 5x_1 + x_2 + 4x_3 = -3 \end{cases}$$

$$(3) \begin{cases} 2x_1 + x_2 - 5x_3 + x_4 = 8 \\ x_1 - 3x_2 - 6x_4 = 9 \\ 2x_2 - x_3 + 2x_4 = -5 \\ x_1 + 4x_2 - 7x_3 + 6x_4 = 0 \end{cases} \qquad (4) \begin{cases} 2x_1 - 3x_2 + x_3 - x_4 = 1 \\ x_1 + 3x_2 + x_3 - 2x_4 = 0 \\ 3x_1 - 5x_2 - 2x_3 + x_4 = 4 \\ 4x_1 + x_2 - 5x_3 - x_4 = -1 \end{cases}$$

7. 已知 $\boldsymbol{A} = \begin{pmatrix} 0 & 2 & 4 \\ 4 & 1 & -2 \\ -3 & 2 & -1 \end{pmatrix}$，求 $(1) \boldsymbol{A} + \boldsymbol{A}^{\mathrm{T}}$，$(2) \boldsymbol{A} - \boldsymbol{A}^{\mathrm{T}}$.

8. 已知 $\boldsymbol{A} = \begin{pmatrix} 3 & 7 & 4 \\ -3 & 4 & 4 \\ -2 & 0 & 3 \end{pmatrix}$，$\boldsymbol{B} = \begin{pmatrix} 3 & x_1 & x_2 \\ x_1 & 4 & x_3 \\ x_2 & x_3 & 3 \end{pmatrix}$，$\boldsymbol{C} = \begin{pmatrix} 0 & y_1 & y_2 \\ -y_1 & 0 & y_3 \\ -y_2 & -y_3 & 0 \end{pmatrix}$，且 $\boldsymbol{A} = \boldsymbol{B} + \boldsymbol{C}$，求矩阵 $\boldsymbol{B}$ 和 $\boldsymbol{C}$.

9. 已知 $\boldsymbol{A} = \begin{pmatrix} 3 & 2 \\ 4 & 5 \\ 6 & 7 \end{pmatrix}$，$\boldsymbol{B} = \begin{pmatrix} 5 & 1 \\ 2 & -4 \\ 3 & -2 \end{pmatrix}$，求 $\dfrac{1}{2}(\boldsymbol{A} + \boldsymbol{B})$.

10. 计算

$$(1) \begin{pmatrix} 1 & 0 \\ 0 & 1 \end{pmatrix} \begin{pmatrix} 3 & 2 \\ 5 & 6 \end{pmatrix} \qquad\qquad (2) (1 \quad 0) \begin{pmatrix} 0 \\ 1 \end{pmatrix}$$

$$(3) \begin{pmatrix} 2 \\ 1 \\ -1 \\ 2 \end{pmatrix} (-2 \quad 1 \quad 0) \qquad\qquad (4) (x \quad y) \begin{pmatrix} 9 & -12 \\ -12 & 16 \end{pmatrix} \begin{pmatrix} x \\ y \end{pmatrix}$$

$$(5) \begin{pmatrix} \cos\theta & -\sin\theta \\ \sin\theta & \cos\theta \end{pmatrix} \begin{pmatrix} \cos\theta & \sin\theta \\ -\sin\theta & \cos\theta \end{pmatrix}$$

$$(6) \begin{pmatrix} 1 & -1 & 1 \\ 2 & 0 & 1 \\ 3 & 1 & -2 \\ -1 & 2 & 1 \end{pmatrix} \begin{pmatrix} 1 & 1 \\ 0 & 1 \\ 1 & 0 \end{pmatrix}$$

11. 已知 $\boldsymbol{A} = \begin{pmatrix} 3 & 1 & 1 \\ 2 & 1 & 2 \\ 1 & 2 & 3 \end{pmatrix}$，$\boldsymbol{B} = \begin{pmatrix} 1 & 1 & -1 \\ 2 & -1 & 0 \\ 1 & 0 & 1 \end{pmatrix}$，求 $\boldsymbol{AB} - \boldsymbol{BA}$.

12. 求下列矩阵的逆矩阵：

$(1) \begin{pmatrix} 1 & 2 \\ 2 & 5 \end{pmatrix}$

$(2) \begin{pmatrix} 3 & 2 & 1 \\ 6 & 4 & 2 \\ 1 & 2 & 5 \end{pmatrix}$

$(3) \begin{pmatrix} 1 & 0 & 1 \\ 2 & 1 & 0 \\ -3 & 2 & -5 \end{pmatrix}$

$(4) \begin{pmatrix} 1 & 0 & 0 & 0 \\ 2 & 1 & 0 & 0 \\ 3 & 2 & 1 & 0 \\ 4 & 3 & 2 & 1 \end{pmatrix}$

13. 解下列矩阵方程

$(1) X \begin{pmatrix} 4 & 7 \\ 5 & 9 \end{pmatrix} = \begin{pmatrix} 1 & 0 \\ 0 & 2 \end{pmatrix}$

$(2) \begin{pmatrix} 0 & 1 & 0 \\ 1 & 0 & 0 \\ 0 & 0 & 1 \end{pmatrix} X = \begin{pmatrix} 1 & -4 & 3 \\ 2 & 0 & -1 \\ 1 & -2 & 0 \end{pmatrix}$

14. 用逆矩阵解线性方程组

$$\begin{cases} x_1 + x_3 = -1 \\ 2x_1 + x_2 = 2 \\ -3x_1 + 2x_2 - 5x_3 = 5 \end{cases}$$

15. 求下列矩阵的秩

$(1) \begin{pmatrix} 1 & 2 & -3 \\ -1 & -3 & 4 \\ 1 & 1 & -2 \end{pmatrix}$

$(2) \begin{pmatrix} 2 & 0 & 2 & 2 \\ 0 & 1 & 0 & 0 \\ 2 & 1 & 0 & 1 \\ 0 & 1 & 0 & 0 \end{pmatrix}$

16. 按下列分块的方法，求 $2\boldsymbol{A} - \boldsymbol{B}$

$$\boldsymbol{A} = \left(\begin{array}{cc:c} 1 & 0 & 3 \\ 0 & 1 & -1 \\ \hdashline 2 & -1 & 0 \\ 3 & 2 & 0 \end{array} \right) \qquad \boldsymbol{B} = \left(\begin{array}{cc:c} 2 & -1 & 4 \\ -1 & 2 & -2 \\ \hdashline 2 & 0 & 0 \\ 0 & 2 & 0 \end{array} \right)$$

17. 按下列分块的方法求 $\boldsymbol{AB}$

(1)

$$\boldsymbol{A} = \left(\begin{array}{cc:cc} 1 & 0 & -2 & 0 \\ 0 & 1 & 0 & -2 \\ \hdashline 0 & 0 & 5 & 3 \end{array} \right) \qquad \boldsymbol{B} = \left(\begin{array}{c:cc} 3 & 0 & -2 \\ 1 & 2 & 0 \\ \hdashline 0 & 1 & 0 \\ 0 & 0 & 1 \end{array} \right)$$

(2)

$$\boldsymbol{A} = \left(\begin{array}{cc:ccc} 1 & 4 & 1 & 0 & 0 \\ 2 & 0 & 0 & 1 & 0 \\ 3 & -1 & 0 & 0 & 1 \\ \hdashline 2 & 0 & 0 & 0 & 0 \\ 0 & 2 & 0 & 0 & 0 \end{array} \right) \qquad \boldsymbol{B} = \left(\begin{array}{cc:c} a_1 & a_2 & a_3 \\ b_1 & b_2 & b_3 \\ \hdashline 0 & 0 & 1 \\ 0 & 0 & 0 \\ 0 & 0 & 0 \end{array} \right)$$

18. 求下列矩阵的秩

$(1)\begin{pmatrix} 4 & -2 & 1 \\ 1 & 2 & -2 \\ -1 & 8 & -7 \end{pmatrix}$

$(2)\begin{pmatrix} 1 & 2 & 2 & 11 \\ 1 & 2 & -3 & -14 \\ 3 & 1 & 1 & 3 \\ 2 & 5 & 5 & 28 \end{pmatrix}$

19. 用高斯消去法解线性方程组

$(1)\begin{cases} x_1 + 2x_2 + 3x_3 = -7 \\ 2x_1 - x_2 + 2x_3 = -8 \\ x_1 + 3x_2 = 7 \end{cases}$

$(2)\begin{cases} x_1 - 3x_2 + 4x_3 + 3x_4 = 4 \\ 3x_1 + 2x_2 + 2x_3 + 8x_4 = -6 \\ 5x_1 + 2x_2 + 3x_3 + 2x_4 = -1 \\ 2x_1 + 4x_2 + x_3 - 2x_4 = 5 \end{cases}$

20. 解下列线性方程组

$(1)\begin{cases} x_1 - x_2 + x_3 - x_4 = 1 \\ x_1 - x_2 - x_3 + x_4 = 0 \\ 2x_1 - 2x_2 - x_3 + 4x_4 = -1 \end{cases}$

$(2)\begin{cases} x_1 - 2x_2 + 3x_3 - 4x_4 = 4 \\ x_2 - x_3 + x_4 = -3 \\ x_1 + 3x_2 - 3x_4 = 1 \\ -7x_2 + 3x_3 + x_4 = -3 \end{cases}$

$(3)\begin{cases} x_1 + 2x_2 - 3x_3 = 13 \\ 2x_1 + 3x_2 + x_3 = 4 \\ 3x_1 - x_2 + 2x_3 = -1 \\ x_1 - x_2 + 3x_3 = -8 \end{cases}$

$(4)\begin{cases} x_1 - x_2 + 3x_3 = 0 \\ x_1 + x_2 - 2x_3 = 0 \\ 3x_1 + x_2 - x_0 = 0 \\ x_1 - 3x_2 + 8x_3 = 0 \end{cases}$

$(5)\begin{cases} x_1 + 2x_2 + 3x_3 + 4x_4 = 0 \\ x_1 + x_2 + 2x_3 + 3x_4 = 0 \\ x_1 + 5x_2 + x_3 + 2x_4 = 0 \\ x_1 + 5x_2 + 5x_3 + 2x_4 = 0 \end{cases}$

21. 当 a 取什么值时, 方程组

$$\begin{cases} x_1 + x_2 + x_3 + x_4 = 1 \\ 3x_1 + 2x_2 + x_3 - 3x_4 = a \\ x_2 + 2x_3 + 6x_4 = 3 \end{cases}$$

有解, 并求出它的解.

第 **4** 章
离散数学

━━━

4.1　集 合 论

集合论是现代数学的基础,它已深入到各种科学和技术领域中,被广泛应用到数学和计算机科学的各个分支中. 集合的运算是本节的重点.

学习任务

知识目标:1. 掌握集合和集合的运算;

　　　　　2. 掌握二元关系和函数.

能力目标:1. 能掌握集合和集合的运算;

　　　　　2. 能掌握二元关系和函数.

学习重点:集合和集合的运算;二元关系和函数.

学习难点:集合和集合的运算;二元关系和函数.

4.1.1　集合和集合的运算

(1)集合与元素

集合是任何一类事物(或对象)的聚集. 此处提到的事物可以是具体的或者抽象的,并且对于给定的集合和事物,应该可以明确确定这个给定事物是否属于这个集合.

一般情况下,大写字母 $A,B,\cdots,P,Q,\cdots$ 表示集合,小写字母 $a,b,\cdots,x,y,\cdots$ 表示组成集合的某一确定对象或元素. 符号 $a \in A$ 的含义表示 a 属于 A,$a \notin A$ 表示 a 不属于 A.

常见的集合表示符号有: **N** 表示自然数集(包括 0),**Z** 表示整数集, **Q** 表示有理数集, **R** 表示实数集, **C** 表示复数集.

集合 A 中的不同元素的数目,可称为集合 A 的基数或势,记作 $|A|$ 或#A. 集合的基数是有限的,称为有限集,否则称为无限集. 例如: $A = \{x \mid x$ 是小于 5 的自然数$\}$,则 $|A| = 5$.

(2)集合的表示法

给出一个集合的方法,通常有以下两种.

1）列举法

列举出集合中的所有元素，并用花括号将它括起来.

一般地，列举法仅适用于集合所含元素为有限个或无限可列个（如全体自然数）的情形.

例如：$A = \{a, b, c, d\}$，$B = \{1, 2, 3, \cdots\}$，$C = \left\{\dfrac{1}{2}, \dfrac{1}{3}, \dfrac{1}{4}, \cdots\right\}$.

2）描述法

描述集合中元素具有共同性质的方法来表示集合.

如果一个集合不含有任何元素，称为空集，记为 ϕ. 在一个具体问题中，如果所有涉及的集合都是某一集合的子集，则称这个集合为全集，记作 E.

注意：

①集合中元素的无序性. 例如 $\{1, 2, 3\}$ 和 $\{2, 1, 3\}$ 是完全相同的集合.

②集合中的元素互异性. 例如 $\{1, 1, 2, 3\}$ 是不允许出现的.

③集合中的元素本身又是集合. 例如后面介绍的幂集.

（3）集合的关系

相等与包含是集合的两种基本关系.

1）相等

集合 A 和 B 元素全相同，则称 A 和 B 相等，记作 $A = B$，否则称 A 和 B 不相等，记作 $A \neq B$.

2）包含

设 A 和 B 是两个集合，如果 A 中每一元素都是 B 的元素，则称 A 是 B 的子集，记作 $A \subseteq B$ 或 $B \supseteq A$，分别读作 A 包含于 B 或 B 包含 A. 若存在元素 $a \in A$，但 $a \notin B$，则 A 不是 B 的子集，记作 $A \nsubseteq B$. 若 $A \subseteq B$，且 $A \neq B$，则称 A 是 B 的真子集.

3）幂集

设 A 是一个集合，由 A 的所有子集为元素组成的集合，称作 A 的幂集，记作 $P(A)$.

例 1 设集合 $A = \{1, 2, 3\}$，求 A 的幂集.

解 将 A 的子集由小到大分类

①0 元素集合，即空集，只有一个：ϕ

②1 元素集合，有 C_3^1 个：$\{1\}$，$\{2\}$，$\{3\}$

③2 元素集合，有 C_3^2 个：$\{1, 2\}$，$\{1, 3\}$，$\{2, 3\}$

④3 元素集合，有 C_3^3 个：$\{1, 2, 3\}$

即 $P(A) = \{\phi, \{1\}, \{2\}, \{3\}, \{1, 2\}, \{1, 3\}, \{2, 3\}, \{1, 2, 3\}\}$.

（4）集合的运算

1）并集

$A \cup B = \{x \mid x \in A \text{ 或 } x \in B\}$

2）交集

$A \cap B = \{x \mid x \in A \text{ 且 } x \in B\}$

3）差集

$A - B = \{x \mid x \in A \text{ 且 } x \notin B\}$

4）补集

$\overline{A} = \{x \mid x \in E \text{ 且 } x \notin A\}$

5）对称差集

$A \oplus B = \{x \mid x \in A \cup B \text{ 且 } x \notin A \cap B\}$

6）笛卡尔集

$A \times B = \{<a,b> \mid a \in A \text{ 且 } b \in B\}$，其中 $<a,b>$ 称为序偶（有序数对）.

例2 设 $A = \{3,2,\{1\}\}, B = \{1,5\}, C = \{4,5,6\}$，求 $A \cap B, A \cup B, B - C, C - B,$
$B \oplus C, B \times C$.

解 由集合的运算的定义可知

$A \cap B = \phi, A \cup B = \{1,2,3,\{1\},5\}, B - C = \{1\}, C - B = \{4,6\}, B \oplus C = \{1,4,6\}, B \times C = \{<1,4>,<1,5>,<1,6>,<5,4><5,5><5,6>\}$.

（5）集合运算的性质

1）交换律

$A \cup B = B \cup A, A \cap B = B \cap A$

2）结合律

$(A \cup B) \cup C = A \cup (B \cup C), (A \cap B) \cap C = A \cap (B \cap C)$

3）分配律

$A \cup (B \cap C) = (A \cup B) \cap (A \cup C), A \cap (B \cup C) = (A \cap B) \cup (A \cap C)$

4）幂等律

$A \cup A = A, A \cap A = A$

5）同一律

$A \cup \phi = A, A \cap E = A$

6）零一律

$A \cup E = E, A \cap \phi = \phi$

7）否定律

$A \cup \overline{A} = E, A \cap \overline{A} = \phi$

8）双重否定律

$\overline{\overline{A}} = A$

9）吸收律

$A \cup (A \cap B) = A, A \cap (A \cup B) = A$

10）摩根律

$\overline{A \cup B} = \overline{A} \cap \overline{B}, \overline{A \cap B} = \overline{A} \cup \overline{B}$

例3 证明吸收律

证明 因为 $A \cup (A \cap B) = (A \cup A) \cap (A \cup B) = A \cap (A \cup B)$

于是只需证明 $A \cup (A \cap B) = A$ 即可，而

$$A \cup (A \cap B) = (A \cap E) \cup (A \cap B) = A \cap (E \cup B)$$
$$= A \cap E = A$$

得证.

4.1.2 二元关系和函数

现实世界中广泛存在着关系的概念. 日常生活中有朋友关系、父子关系、师生关系等，而各

门学科中也存在着函数关系、原函数与导数关系、同构关系等. 这一节我们主要讨论二元关系.

（1）二元关系

1）定义

设 A,B 是两个非空集合，$R \subseteq A \times B$，称 R 是从 A 到 B 的二元关系. 若 $A = B$，称 R 为 A 上二元关系. 若 $a \in A, b \in B$，$<a,b> \in R$，称 a 与 b 有关系 R，记作 aRb，否则称 a 与 b 无关系 R.

2）前域（定义域）

$\mathrm{dom}R = \{x \mid x \in A, \exists b \in B, 使 <x,b> \in R\}$

值域　$\mathrm{ran}R = \{x \mid x \in B, \exists a \in A, 使 <a,x> \in R\}$

3）关系图

$R \subseteq A \times B$，将 A,B 元素用点表示，若 $<x,y> \in R$，那么画一根以 x 为起点的有向弧指向 y，画出所有弧线所得，即为 R 的关系图.

4）关系矩阵

设有限集合 $A = \{a_1, a_2, \cdots, a_m\}$，$B = \{b_1, b_2, \cdots, b_n\}$，设事先为每一个集合中所有元素约定一个次序，$m \times n$ 矩阵 $M = \{r_{ij}\}_{m \times n}$ 称为 A 到 B 的关系 R 的关系矩阵，当且仅当

$$r_{ij} = \begin{cases} 1 & 当 <a_i, b_j> \in R \\ 0 & 否则 \end{cases}, 1 \leqslant i \leqslant m, 1 \leqslant j \leqslant n.$$

例 4　设 $A = \{2,3,6,8,12,32\}$，$R = \{<a,b> \mid a,b \in A 且 a \mid b\}$，写出 R 的所有元素，并求出前域，值域，关系矩阵.

解　$R = \{<2,2>, <2,6>, <2,8>, <2,12>, <2,32>, <3,3>, <3,6>, <3,12>,$ $<6,6>, <6,12>, <8,8>, <8,32>, <12,12>, <32,32>\}$

$$\mathrm{dom}R = \mathrm{ran}R = A$$

$$M_R = \begin{pmatrix} 1 & 0 & 1 & 1 & 1 & 1 \\ 0 & 1 & 1 & 0 & 1 & 0 \\ 0 & 0 & 1 & 0 & 1 & 0 \\ 0 & 0 & 0 & 1 & 0 & 1 \\ 0 & 0 & 0 & 0 & 1 & 0 \\ 0 & 0 & 0 & 0 & 0 & 1 \end{pmatrix}.$$

（2）几种特殊的关系

① 集合 A 上的空关系 ϕ：ϕ 是 $A \times A$ 的子集，即 ϕ 是 A 上的关系.

② 集合 A 上全域关系 E_A：$E_A = \{<a,b> \mid a \in A 且 b \in A\} = A \times A$.

③ 集合 A 上恒等关系 I_A：$I_A = \{<a,a> \mid a \in A\}$.

④ 集合 A 上小于等于关系"$\leqslant$"：$A \subseteq R$，"$\leqslant$" $= \{<a,b> \mid a,b \in A 且 a \leqslant b\}$.

⑤ 集合 A 上整除关系 D：$A \subseteq Z^+$，$D = \{<a,b> \mid a,b \in A 且 a \mid b\}$.

⑥ 集合 A 上模 r 同余关系 M：$A \subseteq Z$，$M = \{<a,b> \mid (a-b)/r 为整数, a,b \in A\}$，$r$ 为正整数. 例如 $A = \{1,2,3,4,5\}$，$R = \{<a,b> \mid (a-b)/3 为整数, a,b \in A\}$，则 $R = \{<1,1>$ $<2,2> <3,3> <4,4> <5,5>, <1,4> <4,1> <2,5> <5,2>\}$

⑦ 集合 A 上自反关系：R 为 A 上二元关系，任意 $a \in A$，若 $<a,a> \in R$，则称 R 是自反的，若 $<a,a> \notin R$，称 R 是反自反的，由 ③ 可知，若 R 自反的 $\Leftrightarrow I_A \subset R$.

⑧ 集合 A 上对称关系 A：R 为 A 上二元关系，对任意 $a,b \in A$，若 $<a,b> \in R$ 必有 $<b,a>$

$\in R$,则称 R 是对称的.

⑨集合 A 上反对称关系:R 为 A 上二元关系,对任意 $a,b\in A$,若 $<a,b>\in R$ 且 $<b,a>\in R$,则必有 $a=b$,称 R 是反对称的.

⑩集合 A 上传递关系:R 为 A 上二元关系,对任意 $a,b,c\in A$,若 $<a,b>\in R$ 且 $<b,c>\in R$,则必有 $<a,c>\in R$,称 R 是传递的.但若没有 $<a,b>\in R$,$<b,c>\in R$,当然也就不需要讨论是否有 $<a,c>\in R$.

注:

①空关系 R 的关系矩阵为零矩阵,全域关系 E_A 的关系矩阵所有元素均为 1,恒等关系 I_A 的关系矩阵为单位阵.

②自反关系的关系矩阵的主对角线上元素均为 1,反自反关系的关系矩阵的主对角线上元素均为 0,对称关系的关系矩阵的元素关于主对角线对称,反对称关系的关系矩阵关于主对角线对称的元素不同时为 1.

(3)关系的运算

因为关系也是集合,所以集合的所有运算都可以在关系中进行.此外关系还可以进行逆运算、复合运算、幂运算以及闭包运算等.

1)逆运算

R 是从 A 到 B 的二元关系,则 $R^{-1}=\{<b,a>\mid<a,b>\in R\}$ 称为 R 的逆关系.它们的关系矩阵互为转置矩阵.

例如 设 $A=\{1,2,3\}$,A 上"$\leqslant$"关系 $R=\{<1,2><1,3><2,3>\}$ 的逆关系 $R^{-1}=\{<2,1><3,1><3,2>\}$.

2)复合运算

R 是从 A 到 B 的二元关系,S 是从 B 到 C 的二元关系,则 $R\circ S$ 表示 R 和 S 的复合.即 $R\circ S=\{<a,c>\mid a\in A,c\in C,$ 且存在 $b\in B,$ 使 $<a,b>\in R,<b,c>\in S\}$.

例 5 设 $A=\{1,2,3,4\}$,A 上关系 $R=\{<1,1><1,2><2,4>\}$,$S=\{<1,4><2,3><2,4><3,2>\}$ 求 $R\circ S$ 和 $S\circ R$.

解 $R\circ S=\{<1,4><1,3>\}$,$S\circ R=\{<3,4>\}$.

由例 5 可知一般情况下 $R\circ S\neq S\circ R$

$$M_R=\begin{pmatrix}1&1&0&0\\0&0&0&1\\0&0&0&0\\0&0&0&0\end{pmatrix},M_S=\begin{pmatrix}0&0&0&1\\0&0&1&1\\0&1&0&0\\0&0&0&0\end{pmatrix},M_{R\circ S}=\begin{pmatrix}0&0&1&1\\0&0&0&0\\0&0&0&0\\0&0&0&0\end{pmatrix}$$

利用逻辑运算

$$0+0=0,0+1=1+0=1+1=1,0\times0=0\times1=1\times0=0,1\times1=1.$$

则 $M_R\times M_S=M_{R\circ S}$,因此求关系的复合可利用关系矩阵作乘法而得.

3)幂运算

设 R 是 A 上的二元关系,$n\in\mathbf{N}$,R 的 n 次幂记作 R^n,其为 R 与其本身复合($n-1$)次,特别地 $n=0$ 时,$R^0=I_A$.

例 6 设 $A=\{1,2,3,4\}$,R 是 A 上的关系,且 $R=\{<1,2><2,1><2,3><3,4>\}$,求 R^0,R^2,R^3,R^4,R^5.

解　　　　　　$R^0 = I_A, R^2 = \{<1,1><1,3><2,2><2,4>\}$

$R^3 = \{<1,2><1,4><2,1><2,3>\}, R^4 = R^2, R^5 = R^3.$

4）闭包运算　关系的闭包运算就是在一个关系 R 中尽可能少地添补一些序偶，以使新的关系满足某一特殊性质的过程．关系 R 的闭包主要有三种，即自反闭包、对称闭包和传递闭包，分别记为 $r(R), s(R)$ 和 $t(R)$．下面给出它们的求法，证明从略．

$$r(R) = R \cup I_A, s(R) = R \cup R^{-1}$$

$$t(R) = R \cup R^2 \cup R^3 \cup \cdots = \overset{\infty}{\underset{n=1}{\cup}} R^n.$$

例7　$A = \{1,2,3,4\}, R = \{<1,2><2,1><2,3><3,4>\}$，求 $r(R), s(R)$ 和 $t(R)$．

解　$r(R) = R \cup I_A = \{<1,1><2,2><3,3><4,4><1,2><2,1><2,3><3,4>\}$

$s(R) = R \cup R^{-1} = \{<1,2><2,1><2,3><3,2><3,4><4,3>\}$

$R^2 = R \circ R = = \{<1,1><1,3><2,2><2,4>\}$

$R^3 = R^2 \circ R = = \{<1,2><1,4><2,1><2,3>\}$

$R^4 = R^3 \circ R = = \{<1,1><1,3><2,2><2,4>\} = R^2$

因此

$t(R) = R \cup R^2 \cup R^3$

$= \{<1,2><2,1><2,3><3,4><1,1><1,3><2,2><2,4><1,4>\}.$

类似地，闭包运算也可用关系矩阵求得，留给读者自己练习．

（4）等价关系

定义1　设 R 是集合 A 上的二元关系，若 R 是自反的、对称的和传递的，则称 R 是 A 上的等价关系．若 aRb，则称 a 和 b 是等价的，对于每个 $a \in A$，与 a 等价的所有元素组成的集合称为由 a 生成的关系 R 的等价类，记为 $[a]_R$．即

$$[a]_R = \{x \mid x \in A, xRa\}.$$

例8　证明整数集上模3同余关系 $R = \{<a,b> \mid (a-b)/3$ 为整数，$a,b \in Z\}$，是 Z 上的等价关系，并求所有等价类．

证明　①证明 R 是自反的．任取 $a \in Z$，因为 $(a-a) = 0 \times 3$，即 $<a,a> \in R$．

②证明 R 是对称的．任取 $a,b \in Z$，并且 $(a-b)/3$ 为整数，即有 $a-b = 3m$，m 为整数，则 $b-a = 3(-m)$，即 $<b,a> \in R$．

③证明 R 是传递的．任取 $a,b,c \in Z$，且 $a-b = 3m, b-c = 3n$，m,n 为整数，则 $a-c = 3m + 3n = 3(m+n)$，即 $<a,c> \in R$．

由①②③可知 R 为等价关系．

因为两个整数模3余数相等，则必为模3同余的，由于模3的余数只有 $r = 0,1,2$ 三种，所以模3同等关系有3个等价类．

$$[0]_R = \{\cdots, -9, -6, -3, 0, 3, 6, 9, \cdots\},$$

$$[1]_R = \{\cdots, -8, -5, -2, 1, 4, 7, \cdots\},$$

$$[2]_R = \{\cdots, -7, -4, -1, 2, 5, 8, \cdots\}.$$

设 A 是非空集合，若 $A_i \subseteq A, A_i \neq \phi, i = 1,2,\cdots,n$．若 $\overset{n}{\underset{i=1}{\cup}} A_i = A$ 且 $A_i \cap A_j = \phi (i,j = 1,2,\cdots,n, i \neq j)$，则称 $\Pi = \{A_1, A_2, \cdots, A_n\}$ 是 A 的一个划分，且每一个 A_i 称为 Π 的一个划分块．设 R 是 A 上的等价关系，关于 R 的等价类全体组成的集合称为 A 上关于 R 的商集，记为 A/R，那么

$A/R = \{[a]_R | a \in A\}$. 显然商集是集合 A 的一个划分. 因此给定 A 上一个等价关系,就可以确定一个 A 的划分. 反之,给定 A 的一个划分,同样可以确定一个等价关系与之对应.

例9 设 $A = \{1,2,3\}$,求 A 上所有的等价关系.

解 集合 A 的所有划分为

$$\Pi_1 = \{\{1\},\{2\},\{3\}\}, \Pi_2 = \{\{1\},\{2,3\}\}, \Pi_3 = \{\{1,2\},\{3\}\}$$
$$\Pi_4 = \{\{1,3\},\{2\}\}, \Pi_5 = \{\{1,2,3\}\}$$

由划分取得 A 上所有的等价关系为

$$R_1 = I_A, R_2 = I_A \cup \{<2,3>,<3,2>\}, R_3 = I_A \cup \{<1,2>,<2,1>\}$$
$$R_4 = I_A \cup \{<1,3>,<3,1>\}, R_5 = A \times A.$$

(5)偏序关系

集合中还有一种重要关系:次序关系. 它可以用来比较集合中元素的次序. 其中最常用的是偏序关系和全序关系.

1)偏序关系

定义2 设 R 是集合 A 上的二元关系,若 R 是自反的、反对称的和传递的,则称 R 是 A 上的偏序关系. 偏序关系一般用"≤"表示,此时"≤"是广义的,不一定代表比较两实数时"小于等于"的含义,但是仍然读作"小于等于". 若集合 A 上具有偏序关系 R,则称 A 是偏序集,记作 $<A,R>$. 若 A 中任意两个元素都有偏序关系 R,称 R 为 A 上全序关系,而该集合 A 称为全序集.

例10 设 $A = \{2,3,4,5,6,12,24,30\}$,$R$ 是集合 A 上的整除关系,证明 R 是偏序关系.

证明 ①对于任意 $a \in A$,都有 a 整除 a,即 aRa,所以 R 是自反的.

②对于任意 $a,b \in A$,若 a 整除 b,并且 b 整除 a,因此存在整数 m,n,使 $b = am, a = nb$,即 $b = mnb, mn = 1$,从而 $m = n = 1$,即 $a = b$,所以 R 是反对称的.

③对于任意 $a,b,c \in A$,若 a 整除 b,b 整除 c,即存在整数 m,n,使 $b = ma, c = nb$,从而 $c = mna$,即 a 整除 c,,所以 R 是传递的.

综上所述 R 是偏序关系.

2)哈斯图

偏序集 R 可以用图形表示,该图叫做哈斯图,是对关系图的简化. 由于偏序关系是自反的,因此可在图上省去自环;由于偏序关系是反对称的,因此可省去箭头,并规定箭头指向的元素位于上方;由于偏序关系是传递的,即若有 aRb,bRc 必有 aRc,因此省去 a 与 c 之间的连线.

例11 画哈斯图①$A = \{1,2\}$,R 为包含关系. ②$A = \{2,3,6,12,24,36\}$,R 为整除关系.

解

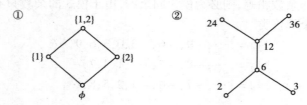

3)偏序集合中的特殊元素

在一个偏序集 $<A,R>$ 中,有一些元素具有某些独特的属性. 下面把这些特殊元素列表如下,其中 $B \subseteq A$ 是 A 的一个子集.

表 4.1

特殊元	定　　义
最大元 b	存在一个元素 $b \in B$,对任意的 $a \in B$,都有 $a \le b$
最小元 b	存在一个元素 $b \in B$,对任意的 $a \in B$,都有 $b \le a$
极大元 b	存在一个元素 $b \in B$,不存在 $a \in B, b \ne a$,且 $a < b$
极小元 b	存在一个元素 $b \in B$,不存在 $a \in B, b \ne a$,且 $b < a$
上界 a	存在一个元素 $a \in A$,对任意的 $b \in B$,都有 $b \le a$
上确界 a	若 $a \in A$ 是 B 的上界且对 B 的每个上界 b,都有 $b \le a$
下界 a	存在一个元素 $a \in A$,对任意的 $b \in B$,都有 $a \le b$
下确界 a	若 $a \in A$ 是 B 的下界且对 B 的每个下界 b,都有 $a \le b$

例 12　设 $A = \{1,2,3,4,5\}$,A 上二元关系 $R = \{ <1,1> <2,2> <2,3> <3,3> <3,4> <4,4> <5,3> <5,4> <5,5> \}$.

①证明 R 是 A 上偏序关系,画出其哈斯图.

②$B = \{2,3,4,5\}$,求 B 的最大元,最小元,极大元,极小元,上确界,下确界.

解　①因为 R 是自反的、反对称的和传递的,所以 R 是 A 上的偏序关系. $<A,R>$ 为偏序集. $<A,R>$ 的哈斯图如下

②B 无最大、最小元,极大元为 1,2,4,极小元为 1,2,5,无上下确界.

例 13　对下列集合中的整除关系画出哈斯图,并指出哪些是全序集,写出下列集合中的最大元,最小元,极大元,极小元.

①$\{1,2,3,4,6\}$　②$\{2,4,8,16\}$　③$\{1,3,5,9,15,4,5\}$

解　各集合中的整除关系的哈斯图如下

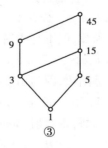

①不是全序集

因为 2 不能整除 3,3 不能整除 2,即 2,3 不能比较.

最大元无,最小元为 1,极大元为 4,6,极小元为 1.

②是全序集

最大元为 16,最小元为 2,极大元为 16,极小元为 2.

③不是全序集

因为 3,5 不能比较,

最大元为 45,最小元为 1,极大元为 45,极小元为 1.

(6)函数

在初等数学、高等数学中已经多次接触函数的概念,这一部分从关系的角度来讨论函数,对于复合函数、反函数等概念在此就不再复述了.

定义 3 设 A 和 B 是两个集合,f 是从 A 到 B 的二元关系,若具有如下性质

①f 的定义域 $\text{dom}f = A$.

②若 $<a,b> \in f$,$<a,b'> \in f$,则 $b = b'$. 则称关系 f 是 A 到 B 的函数,记为 $f:A \to B$,称 b 为 a 的象,a 为 b 的原像,记为 $b = f(a)$.f 的值域记为 R_f,又称 f 为 A 到 B 的映射. 若 $R_f = B$,称 f 为满射. 若 $a,b \in A,a \neq b$,则有 $f(a) \neq f(b)$,称 f 为入射. 若 f 既是满射,又是入射,则称 f 为双射.

例 14 设 $\mathbf{N}$ 是自然数集,确定下列函数中哪一个是双射,满射,入射?

①$f:\mathbf{N} \to \mathbf{N}$,$f(n) = n^2 + 1$.

②$f:\mathbf{N} \to \mathbf{N}$,$f(n) = n(\text{mod}3)$.

③$f:\mathbf{N} \to \{0,1\}$,$f(n) = \begin{cases} 1 & n \text{ 为奇数} \\ 0 & n \text{ 为偶数} \end{cases}$

解 ①f 是入射,不是满射. 因为对于 $m \neq n$,$m^2 + 1 \neq n^2 + 1$,即 $f(m) \neq f(n)$,所以 f 是入射. 对于 4 不存在 n,使 $f(n) = n^2 + 1 = 4$,所以 f 不是满射.

②f 不是满射,不是入射. 因为 $f(5) = 5(\text{mod}3) = 2 = 2(\text{mod}3) = f(2)$,所以 f 不是入射,又对于 4,不存在 n 使得 $f(n) = 4$,实际上此函数的值域为 $\{0,1,2\}$,所以 f 不是满射.

③f 是满射,不是入射. 因为 $f(2) = f(4) = 0$.

例 15 设 $A = \{1,2,3,4\}$,$B = \{a,b,c,d\}$,决定下列(1)~(5)的每个关系是不是 A 到 B 的一个函数. 如果是一个函数,找出其定义域和值域,并确定它是不是入射、满射. 若是双射,那么用有序数对的集合描述逆函数.

①$R_1 = \{<1,a>,<2,a>,<3,c>,<4,b>\}$

解 R_1 是函数,但不是入射也不是满射,$\text{dom}R_1 = A$,$\text{ran}R_1 = \{a,b,c\}$

②$R_2 = \{<1,c>,<2,a>,<3,b>,<4,c>,<2,d>\}$

解 R_2 不是函数,因为出现了 $<2,a>$ 和 $<2,d>$.

③$R_3 = \{<1,c>,<2,d>,<3,a>,<4,b>\}$

解 R_3 是函数,是双射,$\text{dom}R_3 = A$,$\text{ran}R_3 = B$

逆函数为 $$R_3^{-1} = \{<c,1>,<d,2>,<a,3>,<b,4>\}.$$

④$R_4 = \{<1,d>,<2,d>,<4,a>\}$

解 R_4 不是函数,因为 $3 \in A$,但没有 B 中元素与它对应.

⑤$R_5 = \{<1,b><2,b><3,b><4,b>\}$

解 R_5 是函数,但不是入射也不是满射,$\text{dom}R_5 = A$,$\text{ran}R_5 = \{b\}$

4.2　数理逻辑

逻辑学是一门研究人类思维规律的科学. 由于它的普遍适用性,推理规则应当与任一具体的科学论证或科学内容无关. 这使逻辑学必须使用一种所谓的形式语言. 数理逻辑是用数学的方法来研究形式逻辑的一门学科.

学习任务

知识目标:1. 掌握命题逻辑;

　　　　　2. 掌握谓词逻辑.

能力目标:1. 能掌握命题逻辑;

　　　　　2. 能掌握谓词逻辑.

学习重点:命题逻辑;谓词逻辑.

学习难点:命题逻辑;谓词逻辑.

4.2.1　命题逻辑

命题逻辑也称命题演算,记为 L_S. 它与谓词逻辑构成数理逻辑的基础,命题逻辑又是谓词逻辑的基础. 命题逻辑是确定由命题为基础单位构成的前提和结论之间的推理关系.

（1）命题

凡是能判断其真假的陈述句称为命题. 作为命题的陈述句表达的判断只有两种情况:真和假. 这种结果称为命题的真值. 真用 1 或 T 表示,假用 0 或 F 表示. 命题一般用大写字母 P,Q, $R,\cdots$ 表示,表示命题的符号称为命题标识符.

例1　判断下列语句是否为命题

①北京是中国的首都.

②你到哪里去?

③请勿吸烟.

④成都是辽宁省省会.

⑤雪是黑色的.

⑥$1+1=10$.

⑦火星上有生命.

⑧我不说真话.

解　上述语句中①④⑤⑥⑦是命题. 其中①为真,④⑤为假,⑥在二进制中为真,在其他进制中为假,⑦目前还无法判断真假,随着科学技术的发展,其真假是会知道的. ②是疑问句,③是祈使句,⑧虽是陈述句,但无法判断真假,这种句子被称为悖论.

（2）命题联结词

如果一个命题再也不能分解成更为简单的语句,称这个命题为原子命题. 原子命题是命题逻辑的基本单位,由原子命题、命题联结词和圆括号构成的命题称为复合命题. 下面我们介绍几种常用的联结词.

①否定 $\neg P$:设 P 是一个命题, $\neg P$ 读作"非 P",称 $\neg$ 为否定联结词,表示" P 是不对的", $\neg P$ 与 P 的真假情况见表4.2.

表4.2

P	$\neg P$
0	1
1	0

②合取 $P \wedge Q$　设 P 和 Q 为两个命题，$P \wedge Q$ 读作"P 且 Q"，称 $\wedge$ 为合取联结词.

③析取 $P \vee Q$　设 P 和 Q 为两个命题，$P \vee Q$ 读作"P 或 Q"，称 $\vee$ 为析取联结词.

④条件 $P \rightarrow Q$　设 P 和 Q 为两个命题，$P \rightarrow Q$ 读作"如果 P 那么 Q"，称 $\rightarrow$ 为条件联结词.

⑤双条件 $P \leftrightarrow Q$　设 P 和 Q 为两个命题，$P \leftrightarrow Q$ 读作"P 当且仅当 Q"，称 $\leftrightarrow$ 为双条件联结词.

以上4种联结词的真值与 P, Q 的真值关系见表4.3.

表4.3

P	Q	$P \wedge Q$	$P \vee Q$	$P \rightarrow Q$	$P \leftrightarrow Q$
0	0	0	0	1	1
0	1	0	1	1	0
1	0	0	1	0	0
1	1	1	1	1	1

例2　将下列命题符号化

①3 不是偶数.

②小王是三好学生，但不是优秀团员.

③小李有 10 元或 20 元钱.

④派小王或小张出差.

⑤如果天下雨，他就打车.

⑥我上街，当且仅当你上街去.

解　①令 P:3 是偶数；命题符号化为 $\neg P$.

②令 P:小王是三好学生，Q:是优秀团员；命题符号化为 $P \wedge \neg Q$.

③此命题中的或是或许、大概的意思，故不可再分解，可直接设为 P.

④令 P:派小王出差，Q:派小张出差；命题符号化为 $P \vee Q$.

⑤令 P:天下雨，Q:他打车；命题符号化为 $P \rightarrow Q$.

⑥令 P:我上街，Q:你上街；命题符号化为 $P \leftrightarrow Q$.

（3）命题公式

在命题逻辑中，命题又有命题常元和命题变元之分. 一个具体的命题称为命题常元，一个不确定的泛指的命题，称为命题变元. 显然命题变元不是命题，只有用一个特定命题取代才能确定它的真值. 由命题变元及命题联结词，我们可以得到更为复杂的命题公式.

一般情况下，命题公式由单个命题变元或由多个命题变元经有限次用命题联结词联合构成. 当命题公式比较复杂时，常常使用很多圆括号. 对于命题公式中的命题变元指派一个真或假的值，那么公式相应有确定的真值，把这些真值列表，称为真值表.

例 3　求出下列公式的真值表

①$\neg P \vee Q$,②$\neg(P \leftrightarrow Q)$,③$Q \rightarrow (\neg P \vee Q)$,④$(P \vee Q) \wedge (\neg P \wedge \neg Q)$.

解　①②

表 4.4

P	Q	$\neg P$	$\neg P \vee Q$	$P \leftrightarrow Q$	$\neg(P \leftrightarrow Q)$
0	0	1	1	1	0
0	1	1	1	0	1
1	0	0	0	0	1
1	1	0	1	1	0

③

表 4.5

P	Q	$\neg P \vee Q$	$Q \rightarrow (\neg P \vee Q)$
0	0	1	1
0	1	1	1
1	0	0	1
1	1	1	1

④

表 4.6

P	Q	$P \vee Q$	$\neg P$	$\neg Q$	$\neg P \wedge \neg Q$	$(P \vee Q) \wedge (\neg P \wedge \neg Q)$
0	0	0	1	1	1	0
0	1	1	1	0	0	0
1	0	1	0	1	0	0
1	1	1	0	0	0	0

公式①②真值有时为真,有时为假.公式③的真值全为 1,这样的公式称为永真公式.公式④的真值全为 0,这样的公式称为永假公式.当且仅当一个公式不是永假时,称其为可满足的.

(4)公式的等价和蕴含

公式 A 和 B 中的所有变元为 $P_1, P_2, \cdots, P_n$,若公式 A, B 在上述 n 个变元任意指派下,具有相同的真值,称 A 和 B 是等价的,记作 $A \Leftrightarrow B$.若在相同指派下,A 为真,必有 B 为真,称 A 蕴含 B,记作 $A \Rightarrow B$,对于常用的等价和蕴含的公式列表如下.

表 4.7　常用等价关系

①	$P \wedge P \Leftrightarrow P, P \vee P \Leftrightarrow P$
②	$\neg \neg P \Leftrightarrow P$
③	$(P \wedge Q) \wedge R \Leftrightarrow P \wedge (Q \wedge R), (P \vee Q) \vee R \Leftrightarrow P \vee (Q \vee R)$

续表

④	$P \wedge Q \Leftrightarrow Q \wedge P, P \vee Q \Leftrightarrow Q \vee P$
⑤	$P \wedge (Q \vee R) \Leftrightarrow (P \wedge Q) \vee (P \wedge R), P \vee (Q \wedge R) \Leftrightarrow (P \vee Q) \wedge (P \vee R)$
⑥	$P \wedge (P \vee Q) \Leftrightarrow P, P \vee (P \wedge Q) \Leftrightarrow P$
⑦	$\neg (P \wedge Q) \Leftrightarrow \neg P \vee \neg Q, \neg (P \vee Q) \Leftrightarrow \neg P \wedge \neg Q$
⑧	$P \wedge 1 \Leftrightarrow P, P \vee 0 \Leftrightarrow P$
⑨	$P \wedge 0 \Leftrightarrow 0, P \vee 1 \Leftrightarrow 1$
⑩	$P \wedge \neg P \Leftrightarrow 0, P \vee \neg P \Leftrightarrow 1$
⑪	$P \rightarrow Q \Leftrightarrow \neg P \vee Q$

表 4.8   常用蕴含关系

①	$P \wedge Q \Rightarrow P, P \wedge Q \Rightarrow Q$
②	$1 \rightarrow P \Rightarrow P$
③	$P \Rightarrow P \vee Q$
④	$\neg P \Rightarrow P \rightarrow Q$
⑤	$Q \Rightarrow P \rightarrow Q$
⑥	$\neg (P \rightarrow Q) \Rightarrow P, \neg (P \rightarrow Q) \Rightarrow \neg Q$
⑦	$P \wedge (P \rightarrow Q) \Rightarrow Q$
⑧	$\neg Q \wedge (P \rightarrow Q) \Rightarrow \neg P$
⑨	$\neg P \wedge (P \vee Q) \Rightarrow Q$
⑩	$(P \rightarrow Q) \wedge (P \rightarrow R) \Rightarrow P \rightarrow R$
⑪	$(P \vee Q) \wedge (P \rightarrow R) \wedge (Q \rightarrow R) \Rightarrow R$
⑫	$(P \rightarrow R) \wedge (Q \rightarrow S) \Rightarrow P \wedge Q \rightarrow R \wedge S$
⑬	$(P \rightarrow R) \wedge (Q \rightarrow R) \Rightarrow P \rightarrow (Q \vee R)$
⑭	$(P \rightarrow R) \wedge (Q \rightarrow R) \Rightarrow (P \vee Q) \rightarrow R$

例 4   证明 $P \rightarrow (Q \rightarrow R) \Leftrightarrow (P \wedge Q) \rightarrow R \Leftrightarrow Q \rightarrow (P \rightarrow R)$.

证明   因为

$$P \rightarrow (Q \rightarrow R) \Leftrightarrow \neg P \vee (\neg Q \vee R) \Leftrightarrow \neg P \vee \neg Q \vee R$$

$$(P \wedge Q) \rightarrow R \Leftrightarrow \neg (P \wedge Q) \vee R \Leftrightarrow \neg P \vee \neg Q \vee R$$

$$Q \rightarrow (P \rightarrow R) \Leftrightarrow \neg Q \vee (\neg P \vee R) \Leftrightarrow \neg Q \vee \neg P \vee R \Leftrightarrow \neg P \vee \neg Q \vee R \Leftrightarrow \neg P \vee \neg Q \vee R$$

所以

$$P \rightarrow (Q \rightarrow R) \Leftrightarrow (P \wedge Q) \rightarrow R \Leftrightarrow Q \rightarrow (P \rightarrow R).$$

例 5   证明 $(\neg P \wedge (\neg Q \wedge R)) \vee (Q \wedge R) \vee (P \wedge R) \Leftrightarrow R$.

证明 $(\neg P \wedge (\neg Q \wedge R)) \vee (Q \wedge R) \vee (P \wedge R)$

$\Leftrightarrow((\neg P\wedge\neg Q)\wedge R)\vee((Q\vee P)\wedge R)$

$\Leftrightarrow(\neg(P\vee Q)\wedge R)\vee((P\vee Q)\wedge R)$

$\Leftrightarrow(\neg(P\vee Q)\vee(P\vee Q))\wedge R$

$\Leftrightarrow 1\wedge R$

$\Leftrightarrow R.$

例6　证明$((P\vee Q)\wedge\neg(\neg P\wedge(\neg Q\vee\neg R)))\vee(\neg P\wedge\neg Q)\vee(\neg P\wedge\neg R)$是永真式.

证明　原式$\Leftrightarrow((P\vee Q)\wedge(P\vee(Q\wedge R)))\vee(\neg P\wedge(\neg Q\vee\neg R))$

　　　　$\Leftrightarrow(P\vee(Q\wedge(Q\wedge R)))\vee(\neg P\wedge\neg(Q\wedge R))$

　　　　$\Leftrightarrow(P\vee(Q\wedge R))\vee\neg(P\vee(Q\wedge R))$

　　　　$\Leftrightarrow 1$

例7　试证$P\Rightarrow Q\vee\neg(P\rightarrow Q).$

证明　方法1

设P为真,来证$Q\vee\neg(P\rightarrow Q)$为真

①若Q为真,则$Q\vee\neg(P\rightarrow Q)$为真.

②若Q为假,则$P\rightarrow Q$为假,于是$Q\vee\neg(P\rightarrow Q)$为真.

方法2

设$Q\vee\neg(P\rightarrow Q)$为假,来证$P$为假.事实上,此时必有$Q$为假,$P\rightarrow Q$为真,于是$P$为假.

（5）命题逻辑的推理理论

推理也称论证,它是指由已知命题得到新的命题的思维过程,其中已知命题称为推理的前提或假设,推理的新命题称为推理的结论.

在推理逻辑中,集中注意研究的是提供用来从前提导出结论的推理规则和论证原理,与这些有关的理论称为推理理论.

1）有效推理

设$H_1,H_2,\cdots,H_n$和C都是命题公式,若前者共同蕴含C,即

$$H_1\wedge H_2\wedge\cdots\wedge H_n\Rightarrow C$$

成立,则称C为$H_1,H_2,\cdots,H_n$这n个前提的有效结论.

2）推理规则

在数理逻辑中,从前提推导出结论,依据事先提供的公认的推理规则,它们是:

P规则（前提引入规则）:一个前提,可以在推理过程中的任何一步引入使用.

T规则（结论引入规则）:在推理过程中,前面已导出的有效结论可以作为后续推理的前提引入.

CP规则:若推论出的有效结论为$P\rightarrow Q$的形式,可以把P作为附加前提加入到前提中,然后再推出Q即可.

例8　证明$(A\vee B)\rightarrow(M\wedge N),A\vee P,P\rightarrow(Q\vee S),\neg Q\wedge\neg S\Rightarrow M.$

证明　①$\neg Q\wedge\neg S$　　　　　　　　P

②$\neg(Q\vee S)$　　　　　　　　　T①

③$P\rightarrow(Q\vee S)$　　　　　　　P

④$\neg P$　　　　　　　　　　　　T②③

⑤$A \lor P$ P

⑥A T④⑤

⑦$A \lor B$ T⑥

⑧$(A \lor B) \rightarrow (M \land N)$ P

⑨$M \land N$ T⑦⑧

⑩M T⑨

例 9 证明 $P \rightarrow (Q \rightarrow R), Q, P \lor \neg S \Rightarrow S \rightarrow R$.

证明 ①S CP

②$P \lor \neg S$ P

③P T①②

④$P \rightarrow (Q \rightarrow R)$ P

⑤$Q \rightarrow R$ T③④

⑥Q P

⑦R T⑤⑥

例 10 试用反证法证明 $S \lor A, A \rightarrow (Q \land R), Q \rightarrow W \Rightarrow W \lor S$.

证明 ①$\neg (W \lor S)$ CP（附加前提）

②$\neg W \land \neg S$ T①

③$\neg W$ T②

④$Q \rightarrow W$ P

⑤$\neg Q$ T③④

⑥$\neg S$ T②

⑦$S \lor A$ P

⑧A T⑥⑦

⑨$A \rightarrow (Q \land R)$ P

⑩$Q \land R$ T⑧⑨

⑪Q T⑩

⑫$Q \land \neg Q$ T⑤⑪

例 11 判断下述推理是否正确

一个侦探在调查了某珠宝店的钻石盗窃案后,根据以下事实:

①营业员 A 或 B 盗窃了钻石项链.

②若 A 作案,则作案不在营业时间.

③若 B 提供证词正确,则货柜未上锁.

④若 B 提供证词不正确,则作案发生在营业时间.

⑤货柜上了锁.

推理是 B 盗了项链.

解 将推理过程符号化,令 P:营业员 A 盗了项链,Q:作案发生在营业时间,R: B 提供证词正确,T:货柜上了锁.

前提:$P \lor \neg P; P \rightarrow \neg Q; R \rightarrow \neg T; \neg R \rightarrow Q, T$.

结论:$\neg P$

证明　①T　　　　　　　　　　　　　P

②$R→\neg T$　　　　　　　　　　　　P

③$\neg R$　　　　　　　　　　　　　$T①②$

④$\neg R→Q$　　　　　　　　　　　P

⑤Q　　　　　　　　　　　　　　　$T③④$

⑥$P→\neg Q$　　　　　　　　　　　P

⑦$\neg P$　　　　　　　　　　　　　$T⑤⑥$

即题中推理是正确的,确实是 B 盗了项链.

4.2.2　谓词逻辑

在命题逻辑中,把命题分解到原子命题为止,认为原子命题是不能再分解的,仅仅研究原子命题为基本单位的复合命题之间的逻辑关系和推理. 这样有些推理用命题逻辑就难以确切地表示出. 例如,著名的"苏格拉底三段论"推理:

所有的人都是要死的,

苏格拉底是人,

所有苏格拉底是要死的.

根据常识这个推理是正确的. 但是在命题逻辑中无法表示其推理过程.

因为,如果用 P,Q,R,分别表示上述三个命题,则有 $P \wedge Q \Rightarrow R$. 显然由命题逻辑推理无法完成上述推理,究其原因在于 P,Q,R 无法体现其内在联系,只有对这种内在的逻辑关系进一步分析研究,才能解决形式逻辑中的一些推理问题.

于是,我们引入谓词的概念,因此产生的一些逻辑关系的基本理论,称为谓词逻辑,简称为 L_p.

（1）谓词和量词

在谓词逻辑中,将原子命题分解为谓词与个体两部分. 原子命题所描述的对象称为个体,它可以是具体的,也可以是抽象的,例如张三、计算机、物质等. 而原子命题中描述个体的性质和关系的部分称谓词,与一个个体相联系时,称为一元谓词,与 n 个个体联系时,称为 n 元谓词.

一般情况下,谓词用大写英文字母表示,如 $P,Q,R,\cdots$,个体用小写字母表示,如 a,b, $x,\cdots$,表示具体的个体的小写字母称为个体常量,若不特指某一个体,称为个体变量,其取值范围,称为个体域.

包含个体变量的谓词表达式称为命题函数,其本身不是命题,因为它不含有具体的个体. 所以命题函数无所谓真或假. 用具体个体代入命题函数可以使其转变为一个命题.

在 L_p 中,需要引入用以刻划"所有的""存在一些"等表示不同数量的词,即量词. 用量词也可以把一个命题函数转化为命题. 量词分为全称量词和存在量词两种.

全称量词（$\forall x$）,读作"所有的 x". 它是由全称量词的符号 $\forall$ 和被该量词限定的变量 x 两部分组成.

存在量词（$\exists x$）,读作"有一个（至少有一个）x". 它是由量词符号 $\exists$ 和被限定的变量 x 组成.

例 12 把下列命题符号化

①张三是大学生.

②张三与李四是同学.

③每个自然数都是有理数.

④所有的大学生都爱国.

⑤一些大学生爱上网.

⑥有些自然数是合数.

解 令 $S(x):x$ 是大学生, $L(x):x$ 热爱国, $N(x):x$ 是自然数. a 张三, b 李四, $P(x,y):$ x 与 y 是同学, $Q(x):x$ 爱上网, $R(x):x$ 是合数, $T(x):x$ 是有理数, 则例题中各个命题分别表示为

证明 ① $S(a)$

② $P(a,b)$

③ $(\forall x)(N(x)\rightarrow T(x))$

④ $(\forall x)(S(x)\rightarrow L(x))$

⑤ $(\exists x)(S(x)\wedge Q(x))$

⑥ $(\exists x)(N(x\wedge R(x))$

注:谓词前加上了量词,称为谓词的量化. 若一个谓词中所有个体变量都量化了,则该谓词就变成了命题. 在命题符号化过程中,全称量词跟一个含条件的公式,存在量词跟一个合取的公式. 量词中的 x 称为指导变元,量词紧跟的公式称为其辖域.

（2）谓词公式

类似于命题逻辑中的命题公式,在谓词逻辑中也有谓词公式. 我们引入了个体,命题函数,谓词和量词的概念,再结合命题逻辑中的联结词就可以构成谓词公式.

为了方便数学和计算机科学的逻辑问题及谓词表示的直觉清晰性,将引入项的概念.

所谓项就是用前文所提到的个体常量,个体变量及函数（数学中的函数）有限次生成的符号串. 函数的使用给谓词的表示带来很大方便. 例如,用谓词表示恒等式;对任意整数 x, $x^2 - 1 = (x+1)(x-1)$ 是恒等式. 令 $I(x):x$ 是整数. $f(x) = x^2 - 1$, $g(x) = (x+1)(x-1)$, $E(x,y):$ $x = y$,则该命题可表示成

$$(\forall x)(I(x)\rightarrow E(f(x),g(x))).$$

若 $t_1, t_2, \cdots, t_n$ 是项, $P(x_1, x_2, \cdots, x_n)$ 是 n 元谓词,则 $P(t_1, t_2, \cdots, t_n)$ 称为原子命题函数,谓词公式的递归定义如下

①原子命题函数是公式.

②若 A, B 是公式,则 $\neg A, A\wedge B, A\vee B, A\rightarrow B, A\leftrightarrow B$ 是公式.

③若 A 是公式, x 是个体变量,则 $(\forall x)A, (\exists x)A$ 都是公式.

④有限次使用①②③生成的符号串是公式.

与命题公式类似,谓词公式是一个符号串,经解释后才有具体意义. 一般情况下, L_p 中的公式含有个体常量、个体变量、函数变量、谓词变量等,对各种变量用指定的特殊常量去代替,就构成了一个公式的解释.

一个解释 I 由下面 4 部分组成:

①非空个体域 D

②D 中部分特定元素 $a,b,\cdots$

③D 上的一些特定函数 $f,g,\cdots$

④D 上特定谓词:$P,Q,\cdots$

例 13　已知解释如下:

①$D = \{2,3\}$

②$a = 2 \in D$

③函数 $f(x)$ 为 $f(2) = 3, f(3) = 2.$

④谓词 $P(x)$ 为 $P(2) = 0, P(3) = 1, Q(i,j) = 1, (i,j = 2,3).$

求公式 $(\exists x)(P(f(x)) \wedge Q(x, f(a)))$ 的真值.

解　$x = 2$ 时,

$$P(f(x)) \wedge Q(2, f(a)) = P(3) \wedge Q(2,3) = 1 \wedge 1 = 1,$$

由 $(\exists x)$ 的定义知原式的真值为 1.

例 14　已知解释如下:

①个体域 $D = \mathbf{N}.$

②$a = 0 \in D, b = 1 \in \mathbf{N}.$

③$f(x,y) = x + y, g(x,y) = x \cdot y.$

④$F(x,y) = x = y.$

求公式 $(\forall x)(\exists y)(F(f(x,a),y) \rightarrow F(g(x,b),y))$ 的真值.

解　原式 $= (\forall x)(\exists y)(F(x+0,y) \rightarrow F(x,y))$

$\qquad\qquad = (\forall x)(\exists y)((x = y) \rightarrow (x = y)) = 1$

注:在对公式进行解释的时候,对于 $(\exists x)$ 只要验证存在一个 x 使公式为 1,则原式为 1,而对 $(\forall x)$ 就要验证 D 中所有个体都使公式为 1,才能确定公式为 1.

为了下面的讨论,我们介绍一下变量的更名.若 x 为公式 A 中一个个体变量,它不在 $(\forall x)(\exists x)$ 的辖域内出现,称其为自由变量,否则称为约束变量,在一个公式中某一变量可能既是自由变量又是约束变量.为了避免发生混乱,可以对变量进行更名,其只能有一种形式出现,即自由出现或约束出现.

更名规则:

①更名需要改变的变量符号的范围是量词中的指导变元,以及该量词辖域中此变元的所有约束出现,而公式的其余部分不变.若需要更名的是自由变量,只要用公式中未出现过的变量代入,且处处代入.

②更名时所新取的符号一定没有在量词的辖域内出现过.

例如 $(\forall x)(P(x) \rightarrow Q(x,y) \wedge R(x,y))$ 可以更名为

$$(\forall z)(P(z) \rightarrow Q(z,y) \wedge R(x,y))$$

不能更名为

$$(\forall y)(P(y) \rightarrow Q(y,y) \wedge R(x,y))$$

或

$$(\forall x)(P(x) \rightarrow Q(x,x) \wedge R(x,x))$$

(3)谓词逻辑的推理理论

L_p 是 L_S 的进一步深化和发展,因此 L_S 的推理理论在 L_p 中仍然适用.在 L_p 中,前提和结论

中可能受到量词的约束,为了确定前提和结论间的内部联系,有必要消去和添加量词. 在介绍量词规则之前,先介绍一下在使用量词规则时的大前提. 在公式 $A(x)$ 中,若 x 不自由出现在量词 $\forall y$ 或 $\exists y$ 的辖域,则称 $A(x)$ 对于 y 是自由的. 也就是说 y 在 $A(x)$ 中不是约束出现,则 $A(x)$ 对于 y 一定是自由的. 在量词规则时,此前提是一定要满足的.

1)量词消去规则

US 规则:$(\forall x)A(x) \Rightarrow A(c)$,$(\forall x)A(x) \Rightarrow A(y)$.

其中 c 为任意个体常量,$A(x)$ 对 y 是自由的.

ES 规则:$(\exists x)A(x) \Rightarrow A(c)$,$(\exists x)A(x) \Rightarrow A(y)$.

其中 c 为特定个体常量,c 或 y 不得在前提中或居先推导中出现或自由出现. 若 $A(x)$ 中有其他自由变量时,不能应用此规则.

在应用量词消去规则时,若全称量词,存在量词同时存在,应先消去存在量词,后消全称量词,否则会犯错误.

2)量词产生规则

UG 规则:$A(x) \Rightarrow (\exists y)A(y)$.

此规则要求 $A(x)$ 对 y 是自由的,$A(x)$ 对于 x 的任意取值都成立. 并对由 ES 规则所得到的公式中的原约束变量及其在同一个原子公式的自由变量,都不能使用此规则.

EG 规则:$A(c) \Rightarrow (\exists y)A(y)$,$A(x) \Rightarrow (\exists y)A(y)$,$c$ 为特定个体常量.

此规则要求,取代 c 的个体变量 y 不在 $A(c)$ 中出现,$A(x)$ 对 y 是自由的,并且若 $A(x)$ 是推导行中公式,且 x 由 ES 规划引入,那么不能用 $A(x)$ 中的 x 外的个体变量作约束变量,或者说 y 不得为 $A(x)$ 中的个体变量.

例15 证明苏格拉底三段论

所有人都是要死的.

苏格拉底是人.

因此苏格拉底是要死的.

证明 令 $M(x)$:x 是人,$D(x)$:x 是要死的,s:苏格拉底,则原题符号化为

$$(\forall x)(M(x) \rightarrow D(x)),M(s) \Rightarrow D(s)$$

①$(\forall x)(M(x) \rightarrow D(x))$	P
②$M(s) \rightarrow D(s)$	US①
③$M(s)$	P
④$D(s)$	T②③假言推理.

例16 证明 $(\forall x)(P(x) \rightarrow (Q(x) \land R(x)))$,$(\exists x)(P(x) \land Q(x)) \Rightarrow (\exists x)(R(x) \land W(x))$.

证明 ①$(\forall x)(P(x) \rightarrow (Q(x) \land R(x)))$	P
②$(\exists x)(P(x) \land W(x))$	P
③$P(y) \land W(y)$	ES②
④$P(y) \rightarrow (Q(y) \land R(y))$	US①
⑤$P(y)$	T③
⑥$W(y)$	T③
⑦$Q(y) \land R(y)$	T④⑤

⑧$R(y)$　　　　　　　　　　　　　　T⑦

⑨$R(y) \wedge W(y)$　　　　　　　　　　T⑥⑧

⑩$(\exists x)R(x) \wedge W(x)$　　　　　　　EG⑨

4.3　数　函　数

学习任务

知识目标:1. 掌握数函数的定义;

　　　　　2. 掌握差分方程的定义;

　　　　　3. 掌握差分方程的解法.

能力目标:1. 能掌握数函数的定义;

　　　　　2. 能掌握差分方程的定义;

　　　　　3. 能掌握差分方程的解法.

学习重点:数函数;差分方程;差分方程解法.

学习难点:差分方程解法.

数列是数学中常见的一种离散形式的函数,其通项称为数函数.用 a_n 表示数列的第 n 项,即通项,则 $a_n = f(n)$ 为自然数 n 的函数. 数函数在数值计算中是一种十分有用的函数,下面首先看一个简单的例子.

例 1　假设银行存款按每年 2% 的复利计息. 若开始一年末(设为第 0 年末)存入 100 元,用 a_n 表示第 n 年末的本利和,求 a_n.

解　$a_0 = 100$, $a_1 = 100(1 + 0.02)$

　　　$a_2 = 100(1 + 0.02)^2$

　　　$a_3 = 100(1 + 0.02)^3$

　　　$\cdots$

　　　$a_n = 100(1 + 0.02)^n$

例 2　试给出斐波那契数列

$$a_n = \begin{cases} 1 & n = 0, n = 1 \\ a_{n-1} + a_{n-2} & n \geq 2 \end{cases}$$

的通项.

解　该差分方程 $a_n - a_{n-1} - a_{n-2} = 0$ 的特征方程为

$$r^2 - r - 1 = 0$$

有两个特征根

$$r_1 = \frac{1 + \sqrt{5}}{2}, r_2 = \frac{1 - \sqrt{5}}{2}$$

则斐波那契数列的通项

$$a_n = A_1 \left(\frac{1 + \sqrt{5}}{2} \right)^n + A_2 \left(\frac{1 - \sqrt{5}}{2} \right)^n$$

令 $n = 0, n = 1$ 可得

$$A_1 + A_2 = 1, A_1\left(\frac{1+\sqrt{5}}{2}\right)^1 + A_2\left(\frac{1-\sqrt{5}}{2}\right)^1 = 1$$

解这两个二元联立方程得

$$A_1 = \frac{5+\sqrt{5}}{10}, A_2 = \frac{5-\sqrt{5}}{10}$$

最终斐波那契数列的通项为

$$a_n = \frac{5+\sqrt{5}}{10}\left(\frac{1+\sqrt{5}}{2}\right)^n + \frac{5-\sqrt{5}}{10}\left(\frac{1-\sqrt{5}}{2}\right)^n.$$

4.4 图 论

图论起源于欧拉(Enler)的七桥问题. 图论作为分析处理多种问题的一种较为理想的数学方法,广泛应用于自然科学、社会科学的各个领域,特别在计算机科学中,从计算机的设计,操作系统研究到计算机网络等方向都在一定程度上用到图. 本节主要讨论图的一些基本概念和算法为以后的学习和研究打下基础.

学习任务

知识目标:1. 掌握图的基本概念;
　　　　　2. 掌握树的概念.

能力目标:1. 能掌握图的基本概念;
　　　　　2. 能掌握树的概念.

学习重点:图的基本概念;树的概念.

学习难点:图的基本概念;树的概念.

4.4.1 图的基本概念

(1)图的基本术语

1)图

图是一个二元组 $G = <V,E>$,其中 $V = \{v_1, v_2, \cdots, v_n\}$,称为点集, $E = \{e_1, e_2, \cdots, e_n\}$ 称为边集.

2)关联

顶点 u,v 间有一条边 e ,称 u,v 关联于 e. 此时称 u,v 是邻接的.

3)有向图

所有边都是有向边的图.

4)无向图

所有边都是无向边的图.

5)加权图

若图的每一条边对应非负实数,这样的图叫加权图. 每一实数叫相应边的权数.

6)完全图

若图的任何两个不同顶点间恰有一条边,这样的图叫完全图.

7）度数

称关联顶点 v 的边数为度数，记作 $\deg(v)$. 在有向图中，以 v 为起点的边数，称为出度，记作 $\deg^+(v)$，以 v 为终点的边数称为入度，记作 $\deg^-(v)$，此时

$$\deg(v) = \deg^+(v) + \deg^-(v).$$

由于一条边都关联两个顶点，因此图的总度数等于其总边数的 2 倍.

8）补图

设 $G = <V, E>$，E_k 为由 V 中顶点构成的完全图的边集，则 $\overline{G} = <V, E_k - E>$ 称为 G 的补图.

9）子图

设 $G = <V, E>$，$V' \subseteq V$，$E' \subseteq E$，则 $G' = <V', E'>$ 称为 G 的补图.

特别地 $V' \subseteq V$ 称 G' 为 G 的生成子图.

10）路

设图 $G = <V, E>$，G 中顶点与边的交替序列

$$<v_0, e_1, v_1, e_2, \cdots, e_n, v_n>$$

称为 G 的一条路径，简称为路. 序列可以简化记为 $<v_0, v_1, \cdots, v_n>$. 若 $v_0 = v_n$，序列称为回路. 路中边的数目称为路的长度. v_0 到 v_n 的所有路的最小长度称为 v_0 到 v_n 的距离. 所有边不同的路称为简单路，所有终点都不同的路称为初等路.

11）连通

设 $G = <V, E>$，若它的任意两个顶点之间都存在路，则称 G 是连通的. 改变原图连通性的顶点称为割点，改变原图连通性的边称为桥. 在有向图中，不考虑边的方向所得无向图是连通的，称原图是弱连通的. 任意两个顶点至少一个到另一个存在路，称为单向连通的，任意两个顶点互相都有路存在，称其为强连通的.

例 1　①$(3, 3, 2, 3)$，$(5, 2, 3, 1, 4)$ 能成为图的度数序列吗？为什么？

②已知图 G 中有 10 条边，4 个 3 度顶点，其余顶点的度数均小于等于 2，问 G 中至少有多少个顶点？为什么？

解　①由于图的总度数为偶数（边数的 2 倍）

$$3 + 3 + 2 + 3 = 11 \qquad 5 + 2 + 3 + 1 + 4 = 15$$

这两个序列之和为奇数，因而不能成为图的度数序列.

②图 G 中其余顶点的度数均为 2 时，G 中顶点数最少，故设 G 中顶点数为 x，则

$$3 \times 4 + 2 \times (x - 4) = 2 \times 10$$
$$x = 8$$

所以图 G 中至少有 8 个顶点.

（2）图的矩阵表示

用图来解决实际问题时，若实际问题规模很大时，相应的图的结点和边的数将很大. 图的矩阵表示法使人们可以用线性代数的理论和计算机工具来研究图的性质.

1）邻接矩阵

设图 $G = <V, E>$，$V = \{v_1, v_2, \cdots, v_n\}$ 约定了所有结点的一个次序，$n \times n$ 矩阵 $A(G) = (a_{ij})$ 称为 G 的邻接矩阵当且仅当

$$a_{ij} = \begin{cases} 1 & <v_i, v_j> \in E \\ 0 & \text{否则} \end{cases}$$

例 2 求邻接矩阵 $A(G)$ 及 A^2, A^3.

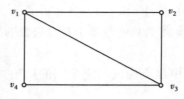

解 规定顶点的次序为 v_1, v_2, v_3, v_4

$$A(G) = \begin{pmatrix} 0 & 1 & 1 & 1 \\ 1 & 0 & 1 & 0 \\ 1 & 1 & 0 & 1 \\ 1 & 0 & 1 & 0 \end{pmatrix}, A^2 = \begin{pmatrix} 3 & 1 & 2 & 1 \\ 1 & 2 & 1 & 2 \\ 2 & 1 & 3 & 1 \\ 1 & 2 & 1 & 2 \end{pmatrix}, A^3 = \begin{pmatrix} 4 & 5 & 5 & 5 \\ 5 & 2 & 5 & 2 \\ 5 & 5 & 4 & 5 \\ 5 & 2 & 5 & 2 \end{pmatrix}.$$

由邻接矩阵的定义及例 2 可以看出邻接矩阵有如下性质

①A 的第 i 行(或第 i 列)元素之和为 v_i 的度数 $\deg(v_i)$. 若在有向图中,第 i 行元素之和为 v_i 的出度 $\deg^+(v_i)$,第 i 列的元素之和为 v_i 的入度 $\deg^-(v_i)$.

②A 的 k 次幂 $A^k = (a_{ij}^{(k)})$(k 为正整数)中 $i \neq j$ 时,$a_{ij}^{(k)}$ 表示从 v_i 到 v_j 长度为 R 的路的数目,$i = j$ 时,$a_{ij}^{(k)}$ 表示经过 v_i 的长度为 k 的回路数目.

2)路径矩阵

由于经常需要了解的只是图中某一点到另一点是否有路,并不是总要了解两点之间路径的长度和数量. 这样我们只需求图的所谓路径矩阵就可以了.

设图 $G = <V, E>$,$V = \{v_1, v_2, \cdots, v_n\}$ 约定了一个所有顶点的次序,$n \times n$ 矩阵 $P(A) = (P_{ij})$ 称为 G 的路径矩阵当且仅当

$$P_{ij} = \begin{cases} 1 & v_i \text{ 到 } v_j \text{ 至少有一条路} \\ 0 & \text{否则} \end{cases}$$

我们可以用邻接矩阵来求路径矩阵,由 A^n 中元素的意义可知,v_i 到 v_j 的路径数目 $b_{ij} = a_{ij} + a_{ij}^{(2)} + \cdots + a_{ij}^{(n)}$(因为图 G 中初等路的长度最大为 $(n-1)$,初等回路的长度最大为 n,所以只要求到 A^n 就可以了).

若 $b_{ij} > 0$,则说明 v_i 到 v_j 至少有一条路,$b_{ij} = 0$ 说明 v_i 到 v_j 没有路. 从而若 $b_{ij} > 0$ 则 $P_{ij} = 1$,若 $b_{ij} = 0$,则 $P_{ij} = 0$.

根据以上分析,例 2 中图的路径矩阵为

$$\begin{pmatrix} 1 & 1 & 1 & 1 \\ 1 & 1 & 1 & 1 \\ 1 & 1 & 1 & 1 \\ 1 & 1 & 1 & 1 \end{pmatrix}$$

这说明该图中任意两点之间都有路,也就是说该图是连通的,当然直观上是显然的.

(3)权图中的最短路问题

设图 G 为加权图,则把从 v_i 到 v_j 的路径上所有加权之和最小的那条路称作最短路径,把

加权之和称为最短距离.求图的最短路径问题用途很广.例如用一个加权图表示城市间的运输图,如何能够使一个城市到另一个城市的运输路线最短或运费最省呢?这就是一个求两城市的最短路径问题.

下面是迪克斯特拉(E. W. Dijkstra)在1959年提出的一个算法,对于带权连通有向图和无向图都可用此算法.

假设从某一加权图的顶点 v_0 出发,要求它到各顶点的最短路径.

①S:已求出最短路径的顶点集合.初始时令 $S = \{v_0\}$.

②$T = V - S$:尚未确定最短路径的顶点集合,初始时 $T = V - \{v_0\}$ 计算 v_0 到 T 各顶点的距离值,若不存在路径,距离记为 ∞.

③从 T 中选取一个其距离值最小的顶点 W,加入 S,对 T 中顶点的距离值进行修改:若加进 k 做中间顶点,从 v_0 到 v_i 的距离值比不加 k 的路径要短,则修改此距离值.

④重复上述步骤,直到 S 中包含所有顶点,即 $S = V$ 为正.

例3 加权图 G 如图,求从 a 到各顶点的最短路及其距离.

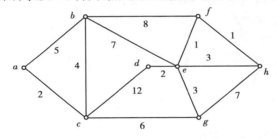

解 见下表

表4.9

终 点	从 a 到各顶点的最短路及其长度					
b	5 $<a,b>$	5 $<a,b>$				
c	2 $<a,c>$					
d	∞	14 $<a,c,d>$	14 $<a,c,d>$	14 $<a,c,d>$	13 $<a,c,g,e,d>$	13 $<a,c,g,e,d>$
e	∞	∞	12 $<a,b,e>$	11 $<a,c,g,e>$		
f	∞	∞	13 $<a,b,f>$	13 $<a,b,f>$	12 $<a,c,g,e,f>$	
g	∞	8 $<a,c,g>$	8 $<a,c,g>$			
h	∞	∞	∞	15 $<a,c,g,h>$	14 $<a,c,g,e,h>$	13 $<a,c,g,$ $e,f,h>$	13 $<a,c,g,$ $e,f,h>$

续表

终　点	从 a 到各顶点的最短路及其长度						
s	$\{a\}$	$\{a,c\}$	$\{a,c,b\}$	$\{a,c,b,g,\}$	$\{a,c,b,g,e\}$	$\{a,c,b,$ $g,e,f\}$	$\{a,c,b,g,$ $e,f,d\}$
t	$\{b,c,d,e,$ $f,g,h\}$	$\{b,d,e,$ $f,g,h\}$	$\{d,e,f,g,h\}$	$\{d,e,f,h\}$	$\{d,f,h\}$	$\{d,h\}$	$\{h\}$

得出

a 到 b 最短路为 $<a,b>$,距离为 5.

a 到 c 最短路为 $<a,c>$,距离为 2.

a 到 d 最短路为 $<a,c,g,e,d>$,距离为 13.

a 到 e 最短路为 $<a,c,g,e,f>$,距离为 11.

a 到 f 最短路为 $<a,c,g,e,f>$,距离为 12.

a 到 g 最短路为 $<a,c,g>$,距离为 8.

a 到 h 最短路为 $<a,c,g,e,f,h>$,距离为 13.

4.4.2　树

(1)无向树

有一种特殊的无向图,称为无向树.

设图 $G = <V,E>$,若 G 是连通的,且不含有长度大于 2 的初等回路,则称 G 是无向树,简称树. G 的边称为树枝,度数为 1 的顶点称为树叶,度数大于 1 的结点称为分枝点,两棵以上的树称为森林.

无向树有如下性质:

①无回路(指长度大于 2 的初等回路,下同),且 $e = v - 1$. 其中 e 是图的边数,v 结点数.

②任意两顶点间有且只有一条初等路,不相邻顶点间增加一条边,此原图有且只有一条初等回路.

③删除任何一条边后,所得图不再是连通图.

例 4　设树 T 中有 7 片树叶,3 个 3 度顶点,其余都是 4 度顶点,问 T 中有几个 4 度顶点?

解　设 T 中有 x 个 4 度顶点,则

$$1 \times 7 + 3 \times 3 + 4x = 2(7 + 3 + x - 1)$$

解得 $x = 1$,即 T 中 4 度结点只有 1 个.

例 5　设树 T 中有 1 个 3 度顶点,2 个 2 度顶点,其余顶点都是树叶,问 T 中有几片树叶?

解　设 T 有 x 片树叶,则

$$1 \times x + 3 \times 1 + 2 \times 2 = 2(x + 1 + 2 - 1)$$

解得 $x = 3$,即 T 有 3 片树叶.

(2)最小生成树

设图 $G = <V,E>$ 是连通的,若 G 的生成子图是树,称该子图为生成树.

因为树中不含长度大于 2 的回路,所以可以在 G 上不断地删除边使其不含回路,最终求

得 G 的生成树,这种求生成树的办法称为破圈法.

设图 $G = \langle V, E \rangle$ 是加权连通图,则 G 的边权之和最小的生成树,称为最小生成树.研究最小生成树是有实际意义的.例如 G 中的顶点表示城市,边表示连接城市的道路,在城市之间架设通信线路或修建公路,使各个城市能够连通起来,为了使费用最小,这样的实际问题就是求 G 的最小生成树.

求最小生成树的方法有好几种,下面介绍其中之一,克鲁斯卡(Kruskal)方法:

①一开始在连通加权图 $G = \langle V, E \rangle$ 中选取边权最小的边.

②按边权从小到大依次考虑其他各边,若所考察边与已有边不构成回路,则保留,否则删除,直到所得的边构成 G 的生成树.

例 6　如图,在 a, b, c, d, e 五个城市间,修建公路,使任何两个城市都能直接或间接可达,问如何修建才能使费用最小.

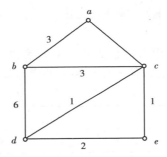

解　为使费用最小,也就是使公路总长度最小,即求图的最小生成树.利用克鲁斯卡方法,选取的边依次如下

$$\langle c, d \rangle \quad \langle c, e \rangle \quad \langle c, b \rangle \quad \langle c, a \rangle$$

所得最小生成树如图,边权之和为 8.最小生成树不唯一,其他情形请读者自行验证.

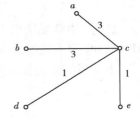

(3) 根树

有向图若不考虑边的方向是一个无向树,这样的有向图称为有向树.有向树当中有一类很重要的有向树,即根树.所谓根树是指一个有向树恰有一个顶点入度为 0,其余所有顶点入度均为 1,入度为 0 的顶点称为根树的根.出度为 0 的顶点称为根树的树叶,出度非 0 的顶点称为根树的分支点.

根树还有一些术语如下:

①孩子和双亲.根树中两点 u, v,若 u 邻接到 v,称 v 是 u 的孩子,u 是 v 的双亲.

②兄弟.若顶点 u, v 的双亲是同一顶点,称 u, v 是兄弟.

③子孙与祖先.若顶点 u 到 v 有一条有向路,称 u 是 v 的祖先,v 是 u 的子孙.

④顶点的层数.从根到某一顶点 u 的长度,称为该点 u 的层数.

⑤树的高度.从根到叶的最大层数,称为根树的高度.

⑥子树.某顶点 u 及其所有子孙所构成的子图,称为根树的子树.

⑦有序树.根树的所有子树确定了一个次序(一般从左向右),称为有序树.

⑧m 元树.有序树中,每个分支点 u 至多有 m 个孩子,称该有序树为 m 元树.

若每个分支点 u 恰有 m 个孩子,称该有序树为正则 m 元树.

例 7　证明正则二元树中分支点的数目是叶子数减 1.

证明　设正则二元树中分支点数为 x，叶子数为 y.

正则二元树中每个分支点恰有 2 个孩子，所以孩子的总数为 $2x$，而孩子的数目等于树的顶点数减 1（根树的根），而树的顶点分为两类分支点和树叶，故顶点数为 $x+y$，从而

$$2x = x + y - 1, 即 x = y - 1$$

类似可以证明正则 m 元树中有

$$(m-1)x = y - 1.$$

（4）最优二元树

二元树的一个应用是前缀码.

为了存储、处理和传递信息，必须建立一种确切表达信息的方法，于是就产生了所谓的编码. 编码就是将信息用一些代码表示的过程. 例如汉字有拼音码、五笔字形码等. 计算机能使用的数字只有 0 和 1，因此无论何种编码，最终就是建立一个字符和符号与 0 和 1 组成的串之间的一个双射.

有一种很特殊的编码就是前缀码. 我们先看一个简单的例子.

我们想给 A，B，C，D 一组编码，以便于用 0 和 1 的串传递信息. 首先我们随意给它们一组编码如下

A	B	C	D
0	1	00	01

此时，0100 发送出去以后，在进行翻译时就产生了困难. 因为串条信息可以翻译成 ABC，ABAA，DC 等不同的信息. 显然随意编码是产生歧义的原因.

下面我们介绍如何用二元树产生前缀码.

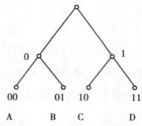

首先令根的左孩子为 0，右孩子为 1. 其余顶点的编码以它们双亲编码为前缀，然后在此前缀后添加 0 和 1，究竟是加 0 还是加 1，取决于该结点是其双亲的左孩子还是右孩子.

最后，我们收集所有叶子的编码组成一个前缀集. 此时发送 0100 后，按前缀码可以翻译为 BA.

上述前缀码进行编码确实是可行的，但是实际传递过程中，还有这样一个问题，因为各个字符出现的频率不同，为传送的方便我们自然地想使出现频率高的字符的编码尽量短一些. 这样一来可以使传递时，使用的 0 或 1 减少，以达到提高传递效率的目的.

如果一棵二元树的 n 个叶子权分别为 $w_1, w_2, \cdots, w_n$，这 n 个叶子的层数分别为 $t_i (i=1,2, \cdots, n)$，称 $w = w_1 t_1 + w_2 t_2 + \cdots + w_n t_n$ 为二元树的权. 使 w 最小的二元树，称为最优二元树，简称最优树.

因此前缀码的问题转换为求最优树问题. 霍夫曼给出了一种求最优树的办法,称为霍夫曼算法.

例 8

0	1	2	3	4	5	6	7
30	20	15	10	8	7	6	4

如表给出了 0 ~ 7 的权重,求传送它们的最佳前缀码.

解　用霍夫曼算法求最优树.

①首先构造 8 棵树,每棵树是一个顶点(即根)分别带权 30,20,…,4.

②然后找出带最小权 4 和 6 的两个顶点作为树叶,构造一棵带权 4 + 6 = 10 的二元树,于是得到 7 棵树.

③重复②的步骤,直至合并为一棵二元树,即为所求.

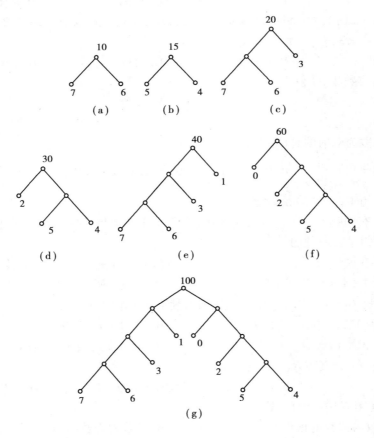

此时前缀码为

数字	0	1	2	3	4	5	6	7
前缀码	10	01	110	001	1111	1110	0001	0000

这构成最优二元树的权为

$$30 \times 2 + 20 \times 2 + 15 \times 3 + 10 \times 3 + 8 \times 4 + 7 \times 4 + 6 \times 4 + 4 \times 4 = 275.$$

练习题

1. 选择题

（1）由集合运算定义，下列各式正确的有（　　）.

    A. $X \subseteq X \cup Y$ B. $X \supseteq X \cup Y$ C. $X \subseteq X \cap Y$ D. $Y \subseteq X \cap Y$

（2）设 $A = \{1,2,3\}$，$B = \{1,2\}$，则下列命题不正确的是（　　）.

    A. $A \cup B = \{1,2\}$ B. $B \subseteq A$ C. $A - B = \{c\}$ D. $B - A = \phi$

（3）集合 $A = \{1,2,3\}$，A 上关系 $R = \{<1,1>, <1,2>, <2,2>, <3,3>, <3,2>\}$，则 R 不具备（　　）性.

    A. 自反   B. 传递   C. 对称   D. 反对称

（4）集合 $A = \{1,2,3\}$，A 上关系 $R = \{<1,2>, <1,3>, <2,1>, <2,3>, <3,1>, <3,2>, <3,3>\}$，则 R 具备（　　）性.

    A. 自反   B. 传递   C. 对称   D. 反对称

（5）设 R 为实数集，映射 $f{:}R \to R$，$f(x) = -x^2 + 2x - 1$，则 f 是（　　）.

    A. 入射   B. 满射

    C. 双射   D. 既不是入射，也不是满射

（6）下列函数为双射的是（　　）.

    A. $f(x) = 1$ B. $f(x) = \ln x, x > 0$ C. $f(x) = x^3 + 8$ D. $f(x) = \dfrac{1}{x^3 - 8}, x \neq 2$

（7）下列语句中，（　　）是命题.

    A. 下午有雨吗？   B. 这朵花真好看！   C. 2 是常数   D. 请把门关上

（8）下列语句是真命题的是（　　）.

    A. 我正在说谎   B. 如果 $1 + 1 = 2$，则雪是黑的

    C. 如果 $1 + 1 = 3$，则雪是黑的   D. 吃饭了吗？

（9）已知命题 $G = \neg(P \to (Q \wedge R))$，则所有使 G 取真值 1 的解释是（　　）.

    A. $(0,0,0), (0,0,1), (1,0,0)$ B. $(1,0,0), (1,0,1), (1,1,0)$

    C. $(0,1,0), (1,0,1), (0,0,1)$ D. $(0,0,1), (1,0,1), (1,1,1)$

（10）前提 $P \vee Q$，$\neg Q \vee R$，$\neg R$ 的结论是（　　）.

    A. Q B. P C. $P \wedge Q$ D. $\neg P \to R$

（11）在任何图 G 中必有偶数个（　　）.

    A. 度数为偶数的顶点   B. 度数为奇数的顶点

    C. 入度为奇数的顶点   D. 出度为奇数的顶点

（12）设 G 为有 n 个顶点的无向完全图，则 G 的边数为（　　）.

    A. $n(n-1)$ B. $n(n+1)$ C. $\dfrac{n(n-1)}{2}$ D. $\dfrac{(n-1)}{2}$

（13）有向图 $G = <V, E>$，其中 $V = \{a,b,c,d,e,f\}$，$E = \{<a,b>, <b,c>, <a,d>,$

$<d,e>$, $<f,e>$ }，则 G 为（　　　）.

　　A. 强连通图　　　　B. 单向连通图　　　　C. 弱连通图　　　　D. 不连通图

（14）完全图 k_n 的顶点的度数为（　　　）.

　　A. 0　　　　　　　B. n　　　　　　　C. $n-1$　　　　　　　D. $n+1$

（15）一棵树有 2 个 2 度顶点，1 个 3 度顶点，3 个 4 度顶点，则其 1 度顶点数为（　　　）.

　　A. 5　　　　　　　B. 7　　　　　　　C. 8　　　　　　　D. 9

（16）G 为正则二元树，有 t 片叶子，e 条边，则有（　　　）.

　　A. $e>2(t-1)$　　　B. $e<2(t-1)$　　　C. $e=2(t-1)$　　　D. $e=2(t+1)$

（17）一棵树，有 2 个 4 度顶点，3 个 3 度顶点，其余结点都是叶子，则叶子数为（　　　）.

　　A. 9　　　　　　　B. 8　　　　　　　C. 7　　　　　　　D. 10

2. 填空题

（1）集合的表示方法有两种：＿＿＿＿＿＿＿法和＿＿＿＿＿＿＿法. "大于 3 而小于等于 7 的整数"用集合表示为 $A=\{$ ＿＿＿＿＿＿＿ $\}$.

（2）设 A,B 是两个集合，$A=\{x\mid 1\leqslant x\leqslant 100,x$ 被 4 整除，$x\in Z\}$，$B=\{x\mid 1\leqslant x\leqslant 100,x$ 被 6 整除，$x\in Z\}$，则 $A\cap B$ ＿＿＿＿＿＿＿，$A\cap B$ 中元素个数＝＿＿＿＿＿＿＿.

（3）设 $A=\{1,\{1\}\}$，则 $P(A)=\{$ ＿＿＿＿＿＿＿ $\}$.

（4）R 是 A 上的关系，若 R 满足＿＿＿＿＿＿＿，＿＿＿＿＿＿＿，＿＿＿＿＿＿＿，则称 R 为等价关系，若 R 满足＿＿＿＿＿＿＿，＿＿＿＿＿＿＿，＿＿＿＿＿＿＿，则称 R 为偏序关系.

（5）设 R 为集合 $A=\{1,2,3,4\}$ 上的关系，$R=\{<1,1>,<1,2>,<2,4>\}$，则 R 的对称闭包为＿＿＿＿＿＿＿，$R^2=$ ＿＿＿＿＿＿＿，

（6）命题联结词主要有＿＿＿＿＿＿＿，＿＿＿＿＿＿＿，＿＿＿＿＿＿＿，＿＿＿＿＿＿＿和＿＿＿＿＿＿＿.

（7）P,Q 为两个命题，当且仅当＿＿＿＿＿＿＿时，$P\wedge Q$ 的值为 1，当且仅当＿＿＿＿＿＿＿时，$P\vee Q$ 的值为 0，当且仅当＿＿＿＿＿＿＿时，$P\rightarrow Q$ 的值为 0.

（8）$G=P\rightarrow\neg(Q\rightarrow R)$，则使 G 为 0 的解释是＿＿＿＿＿＿＿，＿＿＿＿＿＿＿和＿＿＿＿＿＿＿.

（9）$(\forall x)(P(z)\rightarrow Q(x,z))\wedge(\exists z)R(x,z)$ 中，$(\forall x)$ 的辖域是＿＿＿＿＿＿＿，$(\exists z)$ 的辖域是＿＿＿＿＿＿＿.

（10）无向图 G 有 10 条边，3 度与 4 度顶点各 2 个，其余顶点数均小于 3，G 中至少有＿＿＿＿＿＿＿个顶点，在最少顶点的情况下，写出 G 的度数列为＿＿＿＿＿＿＿.

（11）设无向图中有 6 条边，3 度与 5 度顶点各 1 个，其余的都是 2 度顶点，该图有＿＿＿＿＿＿＿个顶点.

（12）设图 G 有 6 个顶点，度数列为 1,2,4,3,5,5，则有＿＿＿＿＿＿＿条边.

（13）一棵树有 2 个 2 度分支点，1 个 3 度分支点，3 个 4 度分支点，则有＿＿＿＿＿＿＿片叶子.

（14）设 T 为高度为 k 的二元树，则 T 的最大顶点数为＿＿＿＿＿＿＿.

（15）设 G 是正则二元树，G 有 15 个点，其中 8 片叶子顶点，则 G 的总度数为＿＿＿＿＿＿＿，分支点数为＿＿＿＿＿＿＿.

3. 计算，证明题

（1）设集合 $A=\{1,2,3,4\}$，A 上关系 $R=\{<x,y>\mid x,y\in A,x\geqslant y\}$，求 R 的关系矩阵.

（2）设集合 $A=\{1,2,3,4\}$，R_1,R_2 为 A 上关系，其中
$R_1=\{<1,1>,<1,2>,<2,1>,<2,2>,<3,3>,<3,4>,<4,3>,<4,4>\}$
$R_2=\{<1,2>,<2,1>,<1,3>,<3,1>,<2,3>,<3,2>,<1,1>,<2,2>,<3,3>\}$
判断它们是否为等价关系，若是等价关系求 A 中各元素的等价类.

（3）设集合 $A=\{1,2,3\}$，R 为 A 上关系，$R=\{<1,2>,<2,1>,<2,3>\}$，求 $r(R)$，$s(R)$，$t(R)$.

（4）设集合 $A=\{2,3,4,6,8,12,24\}$，R 为 A 上整除关系，
①画出偏序集 $<A,R>$ 的哈斯图.
②写出 A 中最大元、最小元、极大元、极小元.
③写出 A 的子集 $B=\{2,3,6,12\}$ 的上界、下界、上确界、下确界.

（5）设解释 I 为：
①$D=\{-2,3,6\}$，
②$F(x):x\leqslant 3,G(x):x>5$，
在解释 I 下求 $(\exists x)(F(x)\vee G(x))$ 的真值

（6）证明①$((P\rightarrow Q)\wedge(Q\rightarrow R))\rightarrow(P\rightarrow R)$，
②$(TP\wedge(TQ\wedge R))\vee(Q\wedge R)\vee(P\wedge R)\Leftrightarrow R$

（7）证明：$(\neg P\vee Q)\rightarrow(P\wedge Q)\Leftrightarrow P$

（8）判断下面推理是否正确，并证明你的结论.

若小王是理科生，他的数学成绩必好. 若小王不是文科生，他必为理科生. 小王没学好数学. 所以小王是文科生.

（9）用谓词推理证明：

所有的主持人都很有风度. 李明是个学生并且是个节目主持人. 因此有些学生很有风度.（个体域：所有人的集合）

（10）设 a,b 是两个数函数，它们分别是

$$a_n=n(\bmod 17),b_n=\begin{cases}1 & n(\bmod 3)=0\\0 & \text{否则}\end{cases}$$

①设 $c_n=a_n+b_n$，当 n 是何值时，$c_n=0$？又当 n 是何值时，$c_n=1$？
②设 $d_n=a_n b_n$，当 n 是何值时，$d_n=0$？又当 n 是何值时，$d_n=1$？

（11）设有一数函数 a_n 的连续的前 n 项是 $1,2,4,7,11,16,\cdots$，其中 $a_0=1$，求 a_n 的表达式.

（12）设无向图 $G=<V,E>$，$V=\{v_1,v_2,\cdots,v_6\}$，$E=\{<v_1,v_2>,<v_2,v_4>,<v_4,v_5>,<v_3,v_4>,<v_1,v_3>,<v_3,v_2>\}$，求 G 中各顶点的度数及奇数度顶点的个数.

（13）求下图中 A 到其余各顶点的最短路径及长度.

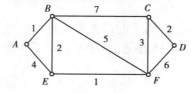

（14）设有 5 个城市 v_1, v_2, v_3, v_4, v_5，任意两城市间铁路造价如下：（单位百万）

$(v_1, v_2) = 4, (v_1, v_3) = 7, (v_1, v_4) = 16, (v_1, v_5) = 10, (v_2, v_3) = 13,$

$(v_2, v_4) = 8, (v_2, v_5) = 17, (v_3, v_4) = 3, (v_3, v_5) = 10, (v_4, v_5) = 12,$

试求连接 5 个城市的造价最低的铁路网.

习题答案

第 2 章练习题答案

1　(1)C;(2)B;(3)A;(4)D;(5)B;(6)B;(7)C;(8)A;(9)A;(10)B;(11)A;(12)C;(13)B;(14)D;(15)D;(16)D;(17)D;(18)C;(19)D;(20)C.

2　(1)$y = \arcsin 3^{\sqrt{x}}$;(2)$y = \ln u, u = \tan v, v = x^2$;(3)10;(4)$-2$;(5)$0, \dfrac{1}{2}$;(6)$0, +\infty$;

(7)5,4;(8)2;(9)$2\pi R \mathrm{d}R$;(10)$f'(\mathrm{e}^x)\mathrm{e}^x\mathrm{d}x$;(11)$\ln(1+x) + c$;(12)$-\dfrac{1}{\omega}\cos \omega x + c$;

(13)$-\dfrac{1}{2}\mathrm{e}^{-2x} + c$;(14)$\dfrac{1}{2}\tan 2x + c(15)f(x) + c$;(16)$-\cos x + cx + c_1$;(17)$x^3 + c$;

(18)$\dfrac{1}{2}F(2x-3) + c$;(19)$\dfrac{1}{x} + c$;(20)$\displaystyle\int_c^b f(x)\mathrm{d}x$;(21)0;(22)0;(23)$1, \mathrm{e}$;(24)$\dfrac{1}{\pi}$.

3　(1)$y = u^{\frac{1}{2}}, u = 1 - x^2$;(2)$y = \cos u, u = \dfrac{3}{2}x$;(3)$y = \ln u, u = v^2, v = \sin x$;(4)$y = u^2, u = \tan v, v = x+1$.

4　(1)不存在;(2)2.

5　(1)-2;(2)0;(3)8;(4)$\dfrac{1}{6}$;(5)0;(6)$3x^2$;(7)-3;(8)∞;(9)$\dfrac{3}{2}$;(10)2.

6　(1)$\dfrac{3}{2}$;(2)$\dfrac{1}{2}$;(3)$\dfrac{1}{3}$;(4)1;(5)e^4;(6)e^{-3};(7)e^4;(8)e.

7　(1)$\pi^x \ln \pi + \pi x^{\pi-1}$;(2)$4x + \dfrac{5}{2}x^{\frac{3}{2}}$;(3)$2x\sin x + (1 + x^2)\cos x$;(4)$\dfrac{x + \sin x}{1 + \cos x}$.

8　(1)$3, \dfrac{5}{16}\pi^4$;(2)$\dfrac{3}{25}, \dfrac{17}{15}$;(3)$\dfrac{\sqrt{2}}{8}(2 + \pi)$;(4)$-\dfrac{1}{18}$.

9　(1)$\left(\dfrac{1}{2}, \dfrac{9}{4}\right), (0,2)$.

10　(1)$8(2x + 5)^3$;(2)$\dfrac{2x}{1 + x^2}$;(3)$\dfrac{-x}{\sqrt{a^2 - x^2}}$;(4)$\dfrac{\ln x - 1}{\ln^2 x}, 2^{\frac{x}{\ln x}} \ln 2$;(5)$\dfrac{\mathrm{e}^{\arctan x}}{2\sqrt{x}(1 + x)}$;

(6)$\csc x$.

126

11 $(1)\dfrac{-y}{x+y};(2)\dfrac{\mathrm{e}^y}{1-x\mathrm{e}^y}.$

12 $(1)\mathrm{e}^x(x+2);(2)2\arctan x+\dfrac{2x}{1+x^2};(3)(-1)^n\dfrac{n!}{x^{n+1}}.$

13 $(1)\left(-\dfrac{1}{x^2}+\dfrac{\sqrt{x}}{x}\right)\mathrm{d}x;(2)(\sin 2x+2x\cos 2x)\mathrm{d}x;(3)-\dfrac{2\cos x}{(1+\sin x)^2}\mathrm{d}x;(4)4x\tan(1+x^2)\sec^2(1+x^2)\mathrm{d}x.$

14 $(1)2;(2)\infty;(3)1;(4)0.$

15 $(1)\dfrac{2}{5}x^{\frac{5}{2}}+c;(2)\dfrac{a^x\mathrm{e}^x}{1+\ln a}+c;(3)\sqrt{\dfrac{2h}{g}}+c;(4)3\arctan x-2\arcsin x+c;(5)x-\arctan x+c;(6)-(\cot x+\tan x)+c.$

16 $s=t^3+2t^2.$

17 $(1)-3\cos\dfrac{t}{3}+c;(2)-\dfrac{1}{2}\ln|-2x|+c;(3)\sqrt{x^2-2}+c;(4)\dfrac{1}{\cos x}+c;(5)\arcsin\mathrm{e}^x+c;(6)-2\sqrt{1-x^2}-\arcsin x+c;(7)\sin x-\dfrac{\sin^3 x}{3}+c;(8)\dfrac{t}{2}+\dfrac{1}{4\omega}\sin 2(\omega t+\varphi)+c;(9)\sqrt{2x}-\ln|1+\sqrt{2x}|+c;(10)\dfrac{9}{2}\arcsin\dfrac{x}{3}-\dfrac{x}{2}\sqrt{9-x^2}+c;(11)\dfrac{x}{\sqrt{x^2+1}}+c;(12)\sqrt{x^2-9}-3\arccos\dfrac{3}{x}+c.$

18 $(1)-x\cos x+\sin x+c;(2)-\mathrm{e}^{-x}(x+1)+c;(3)x\arcsin x+\sqrt{1-x^2}+c;(4)\dfrac{1}{2}x^2\ln x-\dfrac{1}{4}x^2+c;(5)-\dfrac{1}{2}x^4\cos x^2+x^2\sin x^2+\cos x^2+c;(6)-\dfrac{1}{4}x\cos 2x+\dfrac{1}{8}\sin 2x+c.$

19 $(1)\dfrac{21}{8};(2)\dfrac{\pi}{6};(3)-1;(4)\dfrac{5}{2};(5)2+2\ln\dfrac{2}{3};(6)2\sqrt{3}-1;(7)\mathrm{e}-\sqrt{\mathrm{e}};(8)1-\dfrac{2}{\mathrm{e}};(9)\dfrac{\pi^2}{8}-1;(10)\dfrac{\pi}{4}-\dfrac{1}{2};(11)\pi;(12)$发散.

20 $(1)y=\dfrac{3}{2}-\ln 2;(2)\dfrac{32}{3};(3)\dfrac{2-\sqrt{2}}{3};(4)\dfrac{9}{4}.$

21 $(1)\dfrac{4}{3}\pi a^2b;(2)\dfrac{2}{5}\pi.$

22 2.45(焦耳).

23 1.47×10^5(牛顿).

实验部分略.

第3章练习题答案

1 $(1)B;(2)A;(3)D;(4)C;(5)C;(6)D;(7)B;(8)A;(9)C;(10)D;(11)C;(12)D;(13)B;(14)A;(15)D;(16)C;(17)B;(18)D;(19)C;(20)A;(21)C;(22)B.$

2 $(1)1,0,0;(2)\begin{pmatrix}1&0\\k\lambda&0\end{pmatrix};(3)(-2)^5;(4)\mathbf{I};(5)\dfrac{1}{2};(6)\mathbf{A}^{-1}\mathbf{CB}^{-1}.$

3　$(1)\sec^2 x;(2)1-2x;(3)1;(4)5.$

4　$x_1=-1,x_2=2,x_3=3.$

5　证明略.

6　$(1)x_1=1,x_2=\dfrac{1}{3},x_3=-\dfrac{1}{3};(2)x_1=1,x_2=0,x_3=-2.$ $(3)(4)$答案略.

7　$\begin{pmatrix} 0 & 6 & 1 \\ 6 & 2 & 0 \\ 1 & 0 & -2 \end{pmatrix}$ $\begin{pmatrix} 0 & -2 & 7 \\ 2 & 0 & -4 \\ -7 & 4 & 0 \end{pmatrix}.$

8　$\begin{pmatrix} 3 & 2 & 1 \\ 2 & 4 & 2 \\ 1 & 2 & 3 \end{pmatrix}$ $\begin{pmatrix} 0 & 5 & 3 \\ -5 & 0 & 2 \\ -3 & -2 & 0 \end{pmatrix}.$

9　$\begin{pmatrix} 4 & \dfrac{3}{2} \\ 3 & \dfrac{1}{2} \\ \dfrac{9}{2} & \dfrac{5}{2} \end{pmatrix}.$

10　$(1)\begin{pmatrix} 3 & 2 \\ 5 & 6 \end{pmatrix};(2)(0);(3)\begin{pmatrix} -4 & 2 & 0 \\ -2 & 1 & 0 \\ 2 & -1 & 0 \\ -4 & 2 & 0 \end{pmatrix};(4)(9x^2-24xy+16y^2);(5)\begin{pmatrix} 1 & 0 \\ 0 & 1 \end{pmatrix};(6)$

$\begin{pmatrix} 2 & 0 \\ 3 & 2 \\ 1 & 4 \\ 0 & 1 \end{pmatrix}.$

11　$\begin{pmatrix} 2 & 2 & -2 \\ 2 & 0 & 0 \\ 4 & -4 & -2 \end{pmatrix}.$

12　$(1)\begin{pmatrix} 5 & -2 \\ -2 & 1 \end{pmatrix};(2)$无逆矩阵$;(3)\begin{pmatrix} -\dfrac{5}{2} & 1 & -\dfrac{1}{2} \\ 5 & -1 & 1 \\ \dfrac{7}{2} & -1 & \dfrac{1}{2} \end{pmatrix};(4)\begin{pmatrix} 1 & 0 & 0 & 0 \\ -2 & 1 & 0 & 0 \\ 1 & -2 & 1 & 0 \\ 0 & 1 & -2 & 1 \end{pmatrix}.$

13　$(1)\begin{pmatrix} 9 & -7 \\ -10 & 8 \end{pmatrix};(2)\begin{pmatrix} 2 & 0 & -1 \\ 1 & -4 & 3 \\ 1 & -2 & 0 \end{pmatrix}.$

14　$x_1=2,\quad x_2=-2,\quad x_3=-3.$

15　$(1)2;(2)3.$

16
$$\begin{pmatrix} 0 & 1 & \vdots & 2 \\ 1 & 0 & \vdots & 0 \\ \hdashline 2 & -2 & \vdots & 0 \\ 6 & 2 & \vdots & 0 \end{pmatrix}$$

17 （1）
$$\begin{pmatrix} 3 & \vdots & -2 & -2 \\ 1 & \vdots & 2 & -2 \\ \hdashline 0 & \vdots & 5 & 3 \end{pmatrix}$$

（2）
$$\begin{pmatrix} a_1+4b_1 & a_2+4b_2 & a_3+4b_3+1 \\ 2a_1 & 2a_2 & 2a_3 \\ 3a_1-b_1 & 3a_2-b_2 & 3a_3-b_3 \\ 2a_1 & 2a_2 & 2a_3 \\ 2b_1 & 2b_2 & 2b_3 \end{pmatrix}.$$

18 （1）2；（2）3.

19 （1）$x_1=1,x_2=2,x_3=4$；（2）$x_1=-2,x_2=1,x_3=3,x_4=-1$.

20 （1）$x_1=\dfrac{1}{2}+c_1,x_2=c_1,x_3=\dfrac{1}{2}+c_2,x_4=c_2$；

（2）$x_1=-8,x_2=3+c,x_3=6+2c_2,x_4=c$；

（3）$x_1=2,x_2=1,x_3=-3$；

（4）$x_1=\dfrac{1}{2}c,x_2=\dfrac{5}{2}c,x_3=c$；

（5）$x_1=0,x_2=0,x_3=0,x_4=0.$

21 $a=0$，$x_1=-2+c_1+5c_2$，$x_2=3-2c_1+6c_2$，$x_3=c_1$，$x_4=c_2$.

实验部分略.

第4章练习题答案

1 （1）A；（2）A；（3）C；（4）B；（5）D；（6）C；（7）C；（8）C；（9）B；（10）B；（11）B；（12）C；（13）C；（14）C；（15）D；（16）C；（17）A.

2 （1）列举，描述，$\{4,5,6,7\}$；

（2）$\{x\mid 1\leqslant x\leqslant 100,x$ 被 12 整除$,x\in12\}$,8；

（3）$\{\phi,\{1\},\{\{1\}\},\{1,\{1\}\}\}$；

（4）自反性,对称性,传递性,向反性,反对称性,传递性；

（5）$\{<1,1>,<1,2>,<2,1>,<2,4>,<4,2>\}$,

$R^2=\{<1,1>,<1,2>,<1,4>\}$；

（6）否定,析取,合取,条件,双条件；

（7）P,Q 都为 1，P,Q 都为 0，P 为 1，Q 为 0；

（8）$(1,0,0),(1,1,0),(1,0,1)$；

（9）$P(z)\rightarrow Q(x,z),R(x,z)$；

（10）7 个,2,2,2,3,3,4,4；

（11）4 个；

（12）10 条；

（13）9 片；

（14）$2^{k+1}-1$；

（15）28 度，7 个．

3 （1）$\begin{pmatrix} 1 & 0 & 0 & 0 \\ 1 & 1 & 0 & 0 \\ 1 & 1 & 1 & 0 \\ 1 & 1 & 1 & 0 \end{pmatrix}$，约定次序为 1，2，3，4；

（2）R_1 是等价关系，R_2 不是等价关系，$[1]_{R_1}=\{1,2\}$，$[3]_{R_1}=\{3,4\}$；

（3）$r(R)=\{<1,1>,<1,2>,<2,1>,<2,2>,<2,3>,<3,3>\}$，

$r(R)=\{<1,2>,<2,1>,<2,3>,<3,2>\}$，

$t(R)=\{<1,1>,<1,2>,<1,3>,<2,1>,<2,2>,<2,3>\}$．

（4）①略；②最大元 24，最小元无，极大元 24，极小元 2，3；③上界 12，24 上确界 12，无下界，无下确界．

（5）真值为 1．

（6）（7）（8）（9）略．

（10）① $n=51k,k\in\mathbf{N}$ 时，$c_n=0$ $n=51k+17,51k+18,51k+34,k\in\mathbf{N}$ 时，$c_n=1$；

② $n=17k$ 或 $3k,k\in\mathbf{N}$ 时，$d_n=0$ $n=51k+1$ 或 $51k+35,k\in\mathbf{N}$ 时，$d_n=1$．

（11）$a_n=\dfrac{(n^2+n+2)}{2}$．

（12）$\deg(v_1)=2,\deg(v_2)=3,\deg(v_3)=3,\deg(v_4)=3,\deg(v_5)=1,\deg(v_6)=0$，奇数度顶点 4 个．

（13）$<A,B>,<A,B,E>,<A,B,E,F>,<A,B,E,F,C>,<A,B,E,F,C,D>$．

（14）$<v_1,v_2>,<v_1,v_3>,<v_1,v_5>,<v_3,v_4>$．

附　录
常用积分公式

一、含有 $ax + b$ 的积分$(a \neq 0)$

1. $\int \dfrac{\mathrm{d}x}{ax + b} = \dfrac{1}{a}\ln|ax + b| + C$

2. $\int (ax + b)^{\mu}\mathrm{d}x = \dfrac{1}{a(\mu + 1)}(ax + b)^{\mu+1} + C(\mu \neq -1)$

3. $\int \dfrac{x}{ax + b}\mathrm{d}x = \dfrac{1}{a^2}(ax + b - b\ln|ax + b|) + C$

4. $\int \dfrac{x^2}{ax + b}\mathrm{d}x = \dfrac{1}{a^3}\left[\dfrac{1}{2}(ax + b)^2 - 2b(ax + b) + b^2\ln|ax + b|\right] + C$

5. $\int \dfrac{\mathrm{d}x}{x(ax + b)} = -\dfrac{1}{b}\ln\left|\dfrac{ax + b}{x}\right| + C$

6. $\int \dfrac{\mathrm{d}x}{x^2(ax + b)} = -\dfrac{1}{bx} + \dfrac{a}{b^2}\ln\left|\dfrac{ax + b}{x}\right| + C$

7. $\int \dfrac{x}{(ax + b)^2}\mathrm{d}x = \dfrac{1}{a^2}\left(\ln|ax + b| + \dfrac{b}{ax + b}\right) + C$

8. $\int \dfrac{x^2}{(ax + b)^2}\mathrm{d}x = \dfrac{1}{a^3}\left(ax + b - 2b\ln|ax + b| - \dfrac{b^2}{ax + b}\right) + C$

9. $\int \dfrac{\mathrm{d}x}{x(ax + b)^2} = \dfrac{1}{b(ax + b)} - \dfrac{1}{b^2}\ln\left|\dfrac{ax + b}{x}\right| + C$

二、含有 $\sqrt{ax + b}$ 的积分

10. $\int \sqrt{ax + b}\,\mathrm{d}x = \dfrac{2}{3a}\sqrt{(ax + b)^3} + C$

11. $\int x\sqrt{ax + b}\,\mathrm{d}x = \dfrac{2}{15a^2}(3ax - 2b)\sqrt{(ax + b)^3} + C$

12. $\int x^2\sqrt{ax + b}\,\mathrm{d}x = \dfrac{2}{105a^3}(15a^2x^2 - 12abx + 8b^2)\sqrt{(ax + b)^3} + C$

13. $\int \dfrac{x}{\sqrt{ax+b}}\mathrm{d}x = \dfrac{2}{3a^2}(ax-2b)\sqrt{ax+b}+C$

14. $\int \dfrac{x^2}{\sqrt{ax+b}}\mathrm{d}x = \dfrac{2}{15a^3}(3a^2x^2-4abx+8b^2)\sqrt{ax+b}+C$

15. $\int \dfrac{\mathrm{d}x}{x\sqrt{ax+b}} = \begin{cases} \dfrac{1}{\sqrt{b}}\ln\left|\dfrac{\sqrt{ax+b}-\sqrt{b}}{\sqrt{ax+b}+\sqrt{b}}\right|+C & (b>0) \\[4mm] \dfrac{2}{\sqrt{-b}}\arctan\sqrt{\dfrac{ax+b}{-b}}+C & (b<0) \end{cases}$

16. $\int \dfrac{\mathrm{d}x}{x^2\sqrt{ax+b}} = -\dfrac{\sqrt{ax+b}}{bx}-\dfrac{a}{2b}\int\dfrac{\mathrm{d}x}{x\sqrt{ax+b}}$

17. $\int \dfrac{\sqrt{ax+b}}{x}\mathrm{d}x = 2\sqrt{ax+b}+b\int\dfrac{\mathrm{d}x}{x\sqrt{ax+b}}$

18. $\int \dfrac{\sqrt{ax+b}}{x^2}\mathrm{d}x = -\dfrac{\sqrt{ax+b}}{x}+\dfrac{a}{2}\int\dfrac{\mathrm{d}x}{x\sqrt{ax+b}}$

三、含有 $x^2 \pm a^2$ 的积分

19. $\int \dfrac{\mathrm{d}x}{x^2+a^2} = \dfrac{1}{a}\arctan\dfrac{x}{a}+C$

20. $\int \dfrac{\mathrm{d}x}{(x^2+a^2)^n} = \dfrac{x}{2(n-1)a^2(x^2+a^2)^{n-1}}+\dfrac{2n-3}{2(n-1)a^2}\int\dfrac{\mathrm{d}x}{(x^2+a^2)^{n-1}}$

21. $\int \dfrac{\mathrm{d}x}{x^2-a^2} = \dfrac{1}{2a}\ln\left|\dfrac{x-a}{x+a}\right|+C$

四、含有 $ax^2+b(a>0)$ 的积分

22. $\int \dfrac{\mathrm{d}x}{ax^2+b} = \begin{cases} \dfrac{1}{\sqrt{ab}}\arctan\sqrt{\dfrac{a}{b}}x+C & (b>0) \\[4mm] \dfrac{1}{2\sqrt{-ab}}\ln\left|\dfrac{\sqrt{a}x-\sqrt{-b}}{\sqrt{a}x+\sqrt{-b}}\right|+C & (b<0) \end{cases}$

23. $\int \dfrac{x}{ax^2+b}\mathrm{d}x = \dfrac{1}{2a}\ln|ax^2+b|+C$

24. $\int \dfrac{x^2}{ax^2+b}\mathrm{d}x = \dfrac{x}{a}-\dfrac{b}{a}\int\dfrac{\mathrm{d}x}{ax^2+b}$

25. $\int \dfrac{\mathrm{d}x}{x(ax^2+b)} = \dfrac{1}{2b}\ln\dfrac{x^2}{|ax^2+b|}+C$

26. $\int \dfrac{\mathrm{d}x}{x^2(ax^2+b)} = -\dfrac{1}{bx}-\dfrac{a}{b}\int\dfrac{\mathrm{d}x}{ax^2+b}$

27. $\int \dfrac{\mathrm{d}x}{x^3(ax^2+b)} = \dfrac{a}{2b^2}\ln\dfrac{|ax^2+b|}{x^2}-\dfrac{1}{2bx^2}+C$

28. $\int \dfrac{\mathrm{d}x}{(ax^2+b)^2} = \dfrac{x}{2b(ax^2+b)}+\dfrac{1}{2b}\int\dfrac{\mathrm{d}x}{ax^2+b}$

五、含有 $ax^2 + bx + c(a > 0)$ 的积分

29. $\displaystyle\int \frac{\mathrm{d}x}{ax^2 + bx + c} = \begin{cases} \dfrac{2}{\sqrt{4ac - b^2}}\arctan\dfrac{2ax + b}{\sqrt{4ac - b^2}} + C & (b^2 < 4ac) \\[4mm] \dfrac{1}{\sqrt{b^2 - 4ac}}\ln\left|\dfrac{2ax + b - \sqrt{b^2 - 4ac}}{2ax + b + \sqrt{b^2 - 4ac}}\right| + C & (b^2 > 4ac) \end{cases}$

30. $\displaystyle\int \frac{x}{ax^2 + bx + c}\mathrm{d}x = \frac{1}{2a}\ln|ax^2 + bx + c| - \frac{b}{2a}\int \frac{\mathrm{d}x}{ax^2 + bx + c}$

六、含有 $\sqrt{x^2 + a^2}\,(a > 0)$ 的积分

31. $\displaystyle\int \frac{\mathrm{d}x}{\sqrt{x^2 + a^2}} = \mathrm{arsh}\,\frac{x}{a} + C_1 = \ln(x + \sqrt{x^2 + a^2}) + C$

32. $\displaystyle\int \frac{\mathrm{d}x}{\sqrt{(x^2 + a^2)^3}} = \frac{x}{a^2\sqrt{x^2 + a^2}} + C$

33. $\displaystyle\int \frac{x}{\sqrt{x^2 + a^2}}\mathrm{d}x = \sqrt{x^2 + a^2} + C$

34. $\displaystyle\int \frac{x}{\sqrt{(x^2 + a^2)^3}}\mathrm{d}x = -\frac{1}{\sqrt{x^2 + a^2}} + C$

35. $\displaystyle\int \frac{x^2}{\sqrt{x^2 + a^2}}\mathrm{d}x = \frac{x}{2}\sqrt{x^2 + a^2} - \frac{a^2}{2}\ln(x + \sqrt{x^2 + a^2}) + C$

36. $\displaystyle\int \frac{x^2}{\sqrt{(x^2 + a^2)^3}}\mathrm{d}x = -\frac{x}{\sqrt{x^2 + a^2}} + \ln(x + \sqrt{x^2 + a^2}) + C$

37. $\displaystyle\int \frac{\mathrm{d}x}{x\sqrt{x^2 + a^2}} = \frac{1}{a}\ln\frac{\sqrt{x^2 + a^2} - a}{|x|} + C$

38. $\displaystyle\int \frac{\mathrm{d}x}{x^2\sqrt{x^2 + a^2}} = -\frac{\sqrt{x^2 + a^2}}{a^2 x} + C$

39. $\displaystyle\int \sqrt{x^2 + a^2}\,\mathrm{d}x = \frac{x}{2}\sqrt{x^2 + a^2} + \frac{a^2}{2}\ln(x + \sqrt{x^2 + a^2}) + C$

40. $\displaystyle\int \sqrt{(x^2 + a^2)^3}\,\mathrm{d}x = \frac{x}{8}(2x^2 + 5a^2)\sqrt{x^2 + a^2} + \frac{3}{8}a^4\ln(x + \sqrt{x^2 + a^2}) + C$

41. $\displaystyle\int x\sqrt{x^2 + a^2}\,\mathrm{d}x = \frac{1}{3}\sqrt{(x^2 + a^2)^3} + C$

42. $\displaystyle\int x^2\sqrt{x^2 + a^2}\,\mathrm{d}x = \frac{x}{8}(2x^2 + a^2)\sqrt{x^2 + a^2} - \frac{a^4}{8}\ln(x + \sqrt{x^2 + a^2}) + C$

43. $\displaystyle\int \frac{\sqrt{x^2 + a^2}}{x}\mathrm{d}x = \sqrt{x^2 + a^2} + a\ln\frac{\sqrt{x^2 + a^2} - a}{|x|} + C$

44. $\displaystyle\int \frac{\sqrt{x^2 + a^2}}{x^2}\mathrm{d}x = -\frac{\sqrt{x^2 + a^2}}{x} + \ln(x + \sqrt{x^2 + a^2}) + C$

七、含有 $\sqrt{x^2 - a^2}$ $(a > 0)$ 的积分

45. $\displaystyle\int \frac{\mathrm{d}x}{\sqrt{x^2 - a^2}} = \frac{x}{|x|}\mathrm{arch}\,\frac{|x|}{a} + C_1 = \ln\left|x + \sqrt{x^2 - a^2}\right| + C$

46. $\displaystyle\int \frac{\mathrm{d}x}{\sqrt{(x^2 - a^2)^3}} = -\frac{x}{a^2\sqrt{x^2 - a^2}} + C$

47. $\displaystyle\int \frac{x}{\sqrt{x^2 - a^2}}\mathrm{d}x = \sqrt{x^2 - a^2} + C$

48. $\displaystyle\int \frac{x}{\sqrt{(x^2 - a^2)^3}}\mathrm{d}x = -\frac{1}{\sqrt{x^2 - a^2}} + C$

49. $\displaystyle\int \frac{x^2}{\sqrt{x^2 - a^2}}\mathrm{d}x = \frac{x}{2}\sqrt{x^2 - a^2} + \frac{a^2}{2}\ln\left|x + \sqrt{x^2 - a^2}\right| + C$

50. $\displaystyle\int \frac{x^2}{\sqrt{(x^2 - a^2)^3}}\mathrm{d}x = -\frac{x}{\sqrt{x^2 - a^2}} + \ln\left|x + \sqrt{x^2 - a^2}\right| + C$

51. $\displaystyle\int \frac{\mathrm{d}x}{x\sqrt{x^2 - a^2}} = \frac{1}{a}\arccos\frac{a}{|x|} + C$

52. $\displaystyle\int \frac{\mathrm{d}x}{x^2\sqrt{x^2 - a^2}} = \frac{\sqrt{x^2 - a^2}}{a^2 x} + C$

53. $\displaystyle\int \sqrt{x^2 - a^2}\,\mathrm{d}x = \frac{x}{2}\sqrt{x^2 - a^2} - \frac{a^2}{2}\ln\left|x + \sqrt{x^2 - a^2}\right| + C$

54. $\displaystyle\int \sqrt{(x^2 - a^2)^3}\,\mathrm{d}x = \frac{x}{8}(2x^2 - 5a^2)\sqrt{x^2 - a^2} + \frac{3}{8}a^4\ln\left|x + \sqrt{x^2 - a^2}\right| + C$

55. $\displaystyle\int x\sqrt{x^2 - a^2}\,\mathrm{d}x = \frac{1}{3}\sqrt{(x^2 - a^2)^3} + C$

56. $\displaystyle\int x^2\sqrt{x^2 - a^2}\,\mathrm{d}x = \frac{x}{8}(2x^2 - a^2)\sqrt{x^2 - a^2} - \frac{a^4}{8}\ln\left|x + \sqrt{x^2 - a^2}\right| + C$

57. $\displaystyle\int \frac{\sqrt{x^2 - a^2}}{x}\mathrm{d}x = \sqrt{x^2 - a^2} - a\arccos\frac{a}{|x|} + C$

58. $\displaystyle\int \frac{\sqrt{x^2 - a^2}}{x^2}\mathrm{d}x = -\frac{\sqrt{x^2 - a^2}}{x} + \ln\left|x + \sqrt{x^2 - a^2}\right| + C$

八、含有 $\sqrt{a^2 - x^2}$ $(a > 0)$ 的积分

59. $\displaystyle\int \frac{\mathrm{d}x}{\sqrt{a^2 - x^2}} = \arcsin\frac{x}{a} + C$

60. $\displaystyle\int \frac{\mathrm{d}x}{\sqrt{(a^2 - x^2)^3}} = \frac{x}{a^2\sqrt{a^2 - x^2}} + C$

61. $\displaystyle\int \frac{x}{\sqrt{a^2 - x^2}}\mathrm{d}x = -\sqrt{a^2 - x^2} + C$

62. $\displaystyle\int \frac{x}{\sqrt{(a^2 - x^2)^3}}\mathrm{d}x = \frac{1}{\sqrt{a^2 - x^2}} + C$

63. $\int \dfrac{x^2}{\sqrt{a^2 - x^2}} \mathrm{d}x = -\dfrac{x}{2}\sqrt{a^2 - x^2} + \dfrac{a^2}{2}\arcsin\dfrac{x}{a} + C$

64. $\int \dfrac{x^2}{\sqrt{a^2 - x^2}} \mathrm{d}x = \dfrac{x}{\sqrt{a^2 - x^2}} - \arcsin\dfrac{x}{a} + C$

65. $\int \dfrac{x^2}{x\sqrt{a^2 - x^2}} = \dfrac{1}{a}\ln\dfrac{a - \sqrt{a^2 - x^2}}{|x|} + C$

66. $\int \dfrac{\mathrm{d}x}{x^2\sqrt{a^2 - x^2}} = -\dfrac{\sqrt{a^2 - x^2}}{a^2 x} + C$

67. $\int \sqrt{a^2 - x^2}\,\mathrm{d}x = \dfrac{x}{2}\sqrt{a^2 - x^2} + \dfrac{a^2}{2}\arcsin\dfrac{x}{a} + C$

68. $\int \sqrt{(a^2 - x^2)^3}\,\mathrm{d}x = \dfrac{x}{8}(5a^2 - 2x^2)\sqrt{a^2 - x^2} + \dfrac{3}{8}a^4\arcsin\dfrac{x}{a} + C$

69. $\int x\sqrt{a^2 - x^2}\,\mathrm{d}x = -\dfrac{1}{3}\sqrt{(a^2 - x^2)^3} + C$

70. $\int x\sqrt{a^2 - x^2}\,\mathrm{d}x = \dfrac{x}{8}(2x^2 - a^2)\sqrt{a^2 - x^2} + \dfrac{a^4}{8}\arcsin\dfrac{x}{a} + C$

71. $\int \dfrac{\sqrt{a^2 - x^2}}{x}\mathrm{d}x = \sqrt{a^2 - x^2} + a\ln\dfrac{a - \sqrt{a^2 - x^2}}{|x|} + C$

72. $\int \dfrac{\sqrt{a^2 - x^2}}{x^2}\mathrm{d}x = -\dfrac{\sqrt{a^2 - x^2}}{x^2} - \arcsin\dfrac{x}{a} + C$

九、含有 $\sqrt{\pm ax^2 + bx + c}\,(a > 0)$ 的积分

73. $\int \dfrac{\mathrm{d}x}{\sqrt{ax^2 + bx + c}} = \dfrac{1}{\sqrt{a}}\ln\left|2ax + b + 2\sqrt{a}\sqrt{ax^2 + bx + c}\right| + C$

74. $\int \sqrt{ax^2 + bx + c}\,\mathrm{d}x = \dfrac{2ax + b}{4a}\sqrt{ax^2 + bx + c} +$

$\qquad\qquad \dfrac{4ac - b^2}{8\sqrt{a^3}}\ln\left|2ax + b + 2\sqrt{a}\sqrt{ax^2 + bx + c}\right| + C$

75. $\int \dfrac{x}{\sqrt{ax^2 + bx + c}}\mathrm{d}x = \dfrac{1}{a}\sqrt{ax^2 + bx + c} -$

$\qquad\qquad \dfrac{b}{2\sqrt{a^3}}\ln\left|2ax + b + 2\sqrt{a}\sqrt{ax^2 + bx + c}\right| + C$

76. $\int \dfrac{\mathrm{d}x}{\sqrt{c + bx - ax^2}} = -\dfrac{1}{\sqrt{a}}\arcsin\dfrac{2ax - b}{\sqrt{b^2 + 4ac}} + C$

77. $\int \sqrt{c + bx - ax^2}\,\mathrm{d}x = \dfrac{2ax - b}{4a}\sqrt{c + bx - ax^2} + \dfrac{b^2 + 4ac}{8\sqrt{a^3}}\arcsin\dfrac{2ax - b}{\sqrt{b^2 + 4ac}} + C$

78. $\int \dfrac{x}{\sqrt{c + bx - ax^2}}\mathrm{d}x = -\dfrac{1}{a}\sqrt{c + bx - ax^2} + \dfrac{b}{2\sqrt{a^3}}\arcsin\dfrac{2ac - b}{\sqrt{b^2 + 4ac}} + C$

十、含有 $\sqrt{\pm\dfrac{x-a}{x-b}}$ 或 $\sqrt{(x-a)(b-x)}$ 的积分

79. $\displaystyle\int\sqrt{\dfrac{x-a}{x-b}}\,dx = (x-b)\sqrt{\dfrac{x-a}{x-b}} + (b-a)\ln(\sqrt{|x-a|}+\sqrt{|x-b|}) + C$

80. $\displaystyle\int\sqrt{\dfrac{x-a}{b-x}}\,dx = (x-b)\sqrt{\dfrac{x-a}{b-x}} + (b-a)\arcsin\sqrt{\dfrac{x-a}{b-x}} + C$

81. $\displaystyle\int\dfrac{dx}{\sqrt{(x-a)(b-x)}} = 2\arcsin\sqrt{\dfrac{x-a}{b-x}} + C \quad (a<b)$

82. $\displaystyle\int\sqrt{(x-a)(b-x)}\,dx = \dfrac{2x-a-b}{4}\sqrt{(x-a)(b-x)} + \dfrac{(b-a)^2}{4}\arcsin\sqrt{\dfrac{x-a}{b-x}} +$
$C \quad (a<b)$

十一、含有三角函数的积分

83. $\displaystyle\int\sin x\,dx = -\cos x + C$

84. $\displaystyle\int\cos x\,dx = \sin x + C$

85. $\displaystyle\int\tan x\,dx = -\ln|\cos x| + C$

86. $\displaystyle\int\cot x\,dx = \ln|\sin x| + C$

87. $\displaystyle\int\sec x\,dx = \ln\left|\tan\left(\dfrac{\pi}{4}+\dfrac{x}{2}\right)\right| + C = \ln|\sec x+\tan x| + C$

88. $\displaystyle\int\csc x\,dx = \ln\left|\tan\dfrac{x}{2}\right| + C = \ln|\csc x-\cot x| + C$

89. $\displaystyle\int\sec x\,dx = \tan x + C$

90. $\displaystyle\int\csc x\,dx = -\cot x + C$

91. $\displaystyle\int\sec x\tan x\,dx = \sec x + C$

92. $\displaystyle\int\csc x\cot x\,dx = -\csc x + C$

93. $\displaystyle\int\sin^2 x\,dx = \dfrac{x}{2} - \dfrac{1}{4}\sin 2x + C$

94. $\displaystyle\int\cos^2 x\,dx = \dfrac{x}{2} + \dfrac{1}{4}\sin 2x + C$

95. $\displaystyle\int\sin^n x\,dx = -\dfrac{1}{n}\sin^{n-1}x\cos x + \dfrac{n-1}{n}\int\sin^{n-2}x\,dx$

96. $\displaystyle\int\cos^n x\,dx = \dfrac{1}{n}\cos^{n-1}x\sin x + \dfrac{n-1}{n}\int\cos^{n-2}x\,dx$

97. $\displaystyle\int\dfrac{dx}{\sin^n x} = -\dfrac{1}{n-1}\cdot\dfrac{\cos x}{\sin^{n-1}x} + \dfrac{n-2}{n-1}\int\dfrac{dx}{\sin^{n-2}x}$

98. $\displaystyle\int \frac{\mathrm{d}x}{\cos^n x} = \frac{1}{n-1} \cdot \frac{\sin x}{\cos^{n-1}x} + \frac{n-2}{n-1}\int \frac{\mathrm{d}x}{\cos^{n-2}x}$

99. $\displaystyle\int \cos^m x \sin^n x\mathrm{d}x = \frac{1}{m+n}\cos^{m-1}x\,\sin^{n+1}x + \frac{m-1}{m+n}\int \cos^{m-2}x\,\sin^n x\mathrm{d}x$

$\displaystyle\qquad\qquad\qquad\quad = -\frac{1}{m+n}\cos^{m+1}x\,\sin^{n+1}x + \frac{n-1}{m+n}\int \cos^m x\,\sin^{n-2}x\mathrm{d}x$

100. $\displaystyle\int \sin ax \cos bx\mathrm{d}x = -\frac{1}{2(a+b)}\cos(a+b)x - \frac{1}{2(a-b)}\cos(a-b)x + C$

101. $\displaystyle\int \sin ax \sin bx\mathrm{d}x = -\frac{1}{2(a+b)}\sin(a+b)x + \frac{1}{2(a-b)}\sin(a-b)x + C$

102. $\displaystyle\int \cos ax \cos bx\mathrm{d}x = \frac{1}{2(a+b)}\sin(a+b)x + \frac{1}{2(a-b)}\sin(a-b)x + C$

103. $\displaystyle\int \frac{\mathrm{d}x}{a+b\sin x} = \frac{2}{\sqrt{a^2-b^2}}\arctan \frac{a\tan \frac{x}{2} + b}{\sqrt{a^2-b^2}} + C \quad (a^2 > b^2)$

104. $\displaystyle\int \frac{\mathrm{d}x}{a+b\sin x} = \frac{1}{\sqrt{b^2-a^2}}\ln \left| \frac{a\tan \frac{x}{2} + b - \sqrt{b^2-a^2}}{a\tan \frac{x}{2} + b + \sqrt{b^2-a^2}} \right| + C \quad (a^2 < b^2)$

105. $\displaystyle\int \frac{\mathrm{d}x}{a+b\cos x} = \frac{2}{a+b}\sqrt{\frac{a+b}{a-b}}\arctan\left(\sqrt{\frac{a-b}{a+b}}\tan \frac{x}{2}\right) + C \quad (a^2 > b^2)$

106. $\displaystyle\int \frac{\mathrm{d}x}{a+b\cos x} = \frac{1}{a+b}\sqrt{\frac{a+b}{b-a}}\ln \left| \frac{\tan \frac{x}{2} + \sqrt{\frac{a+b}{b-a}}}{\tan \frac{x}{2} - \sqrt{\frac{a+b}{b-a}}} \right| + C \quad (a^2 < b^2)$

107. $\displaystyle\int \frac{\mathrm{d}x}{a^2\cos^2 x + b^2\sin^2 x} = \frac{1}{ab}\arctan\left(\frac{b}{a}\tan x\right) + C$

108. $\displaystyle\int \frac{\mathrm{d}x}{a^2\cos^2 x - b^2\sin^2 x} = \frac{1}{2ab}\ln \left| \frac{b\tan x + a}{b\tan x - a} \right| + C$

109. $\displaystyle\int x \sin ax\mathrm{d}x = \frac{1}{a^2}\sin ax - \frac{1}{a}x\cos ax + C$

110. $\displaystyle\int x^2 \sin ax\mathrm{d}x = -\frac{1}{a}x^2\cos ax + \frac{2}{a^2}x\sin ax + \frac{2}{a^3}\cos ax + C$

111. $\displaystyle\int x \cos ax\mathrm{d}x = \frac{1}{a^2}\cos ax + \frac{1}{a}x\sin ax + C$

112. $\displaystyle\int x^2 \cos ax\mathrm{d}x = \frac{1}{a}x^2\sin ax + \frac{2}{a^2}x\cos ax - \frac{2}{a^3}\sin ax + C$

十二、含有反三角函数的积分（其中 $a > 0$）

113. $\displaystyle\int \arcsin \frac{x}{a}\mathrm{d}x = x \arcsin \frac{x}{a} + \sqrt{a^2-x^2} + C$

114. $\displaystyle\int x \arcsin \frac{x}{a}\mathrm{d}x = \left(\frac{x^2}{2} - \frac{a^2}{4}\right)\arcsin \frac{x}{a} + \frac{x}{4}\sqrt{a^2-x^2} + C$

115. $\int x^2 \arcsin \dfrac{x}{a} dx = \dfrac{x^3}{3} \arcsin \dfrac{x}{a} + \dfrac{1}{9}(x^2 + 2a^2)\ \sqrt{a^2 - x^2} + C$

116. $\int \arccos \dfrac{x}{a} dx = x \arccos \dfrac{x}{a} - \sqrt{a^2 - x^2} + C$

117. $\int x \arccos \dfrac{x}{a} dx = \left(\dfrac{x^2}{2} - \dfrac{a^2}{4}\right) \arccos \dfrac{x}{a} - \dfrac{x}{4}\sqrt{a^2 - x^2} + C$

118. $\int x^2 \arccos \dfrac{x}{a} dx = \dfrac{x^3}{3} \arccos \dfrac{x}{a} - \dfrac{1}{9}(x^2 + 2a^2)\ \sqrt{a^2 - x^2} + C$

119. $\int \arctan \dfrac{x}{a} dx = x \arctan \dfrac{x}{a} - \dfrac{a}{2} \ln(a^2 + x^2) + C$

120. $\int x \arctan \dfrac{x}{a} dx = \dfrac{1}{2}(a^2 + x^2) \arctan \dfrac{x}{a} - \dfrac{a}{2}x + C$

121. $\int x^2 \arctan \dfrac{x}{a} dx = \dfrac{x^3}{2} \arctan \dfrac{x}{a} - \dfrac{a}{6}x^2 + \dfrac{a^3}{6} \ln(a^2 + x^2) + C$

十三、含有指数函数的积分

122. $\int a^x dx = = \dfrac{1}{\ln a} a^x + C$

123. $\int e^{ax} dx = \dfrac{1}{a} e^{ax} + C$

124. $\int x e^{ax} dx = \dfrac{1}{a^2}(ax - 1) e^{ax} + C$

125. $\int x^n e^{ax} dx = \dfrac{1}{a} x^n e^{ax} - \dfrac{n}{a} \int x^{n-1} e^{ax} dx$

126. $\int x a^x dx = \dfrac{1}{\ln a} a^x - \dfrac{n}{(\ln a)^2} a^x + C$

127. $\int x^n a^x dx = \dfrac{1}{\ln a} x^n a^x - \dfrac{n}{\ln a} \int x^{n-1} a^x dx$

128. $\int e^{ax} \sin bx dx = \dfrac{1}{a^2 + b^2} e^{ax}(a \sin bx - b \cos bx) + C$

129. $\int e^{ax} \cos bx dx = \dfrac{1}{a^2 + b^2} e^{ax}(b \sin bx + a \cos bx) + C$

130. $\int e^{ax} \sin^n bx dx = \dfrac{1}{a^2 + b^2 n^2} e^{ax} \sin^{n-1} bx(a \sin bx - nb \cos bx) +$
$\dfrac{n(n-1)b^2}{a^2 + b^2 n^2} \int e^{ax} \sin^{n-2} bx dx$

131. $\int e^{ax} \cos^n bx dx = \dfrac{1}{a^2 + b^2 n^2} e^{ax} \cos^{n-1} bx(a \cos bx + nb \sin bx) +$
$\dfrac{n(n-1)b^2}{a^2 + b^2 n^2} \int e^{ax} \cos^{n-2} bx dx$

十四、含有对数函数的积分

132. $\int \ln x dx = x \ln x - x + C$

133. $\int \dfrac{\mathrm{d}x}{x \ln x} = \ln |\ln x| + C$

134. $\int x^n \ln x \mathrm{d}x = \dfrac{1}{n+1} x^{n+1} \left(\ln x - \dfrac{1}{n+1} \right) + C$

135. $\int (\ln x)^n \mathrm{d}x = x(\ln x)^n - n \int (\ln x)^{n-1} \mathrm{d}x$

136. $\int x^m (\ln x)^n \mathrm{d}x = \dfrac{1}{m+1} x^{m+1} (\ln x)^n - \dfrac{n}{m+1} \int x^m (\ln x)^{n-1} \mathrm{d}x$

十五、含有双曲函数的积分

137. $\int \mathrm{sh} x \mathrm{d}x = \mathrm{ch} x + C$

138. $\int \mathrm{ch} x \mathrm{d}x = \mathrm{sh} x + C$

139. $\int \mathrm{th} x \mathrm{d}x = \ln \mathrm{ch} x + C$

140. $\int \mathrm{sh}^2 x \mathrm{d}x = -\dfrac{x}{2} + \dfrac{1}{4} \mathrm{sh} 2x + C$

141. $\int \mathrm{ch}^2 x \mathrm{d}x = \dfrac{x}{2} + \dfrac{1}{4} \mathrm{sh} 2x + C$

十六、定积分

142. $\int_{-\pi}^{\pi} \cos nx \mathrm{d}x = \int_{-\pi}^{\pi} \sin nx \mathrm{d}x = 0$

143. $\int_{-\pi}^{\pi} \cos mx \sin nx \mathrm{d}x = 0$

144. $\int_{-\pi}^{\pi} \cos mx \cos nx \mathrm{d}x = \begin{cases} 0, & m \neq n \\ \pi, & m = n \end{cases}$

145. $\int_{-\pi}^{\pi} \sin mx \sin nx \mathrm{d}x = \begin{cases} 0, & m \neq n \\ \pi, & m = n \end{cases}$

146. $\int_0^{\pi} \sin mx \sin nx \mathrm{d}x = \int_0^{\pi} \cos mx \cos nx \mathrm{d}x \begin{cases} 0, & m \neq n \\ \dfrac{\pi}{2}, & m = n \end{cases}$

147. $I_n = \int_0^{\frac{\pi}{2}} \sin^n x \mathrm{d}x = \int_0^{\frac{\pi}{2}} \cos^n x \mathrm{d}x$

$I_n = \dfrac{n-1}{n} I_{n-2}$

$I_n = \dfrac{n-1}{n} \cdot \dfrac{n-3}{n-2} \cdots \dfrac{4}{5} \cdot \dfrac{2}{3} (n \text{ 为大于 } 1 \text{ 的正奇数}), I_1 = 1$

$I_n = \dfrac{n-1}{n} \cdot \dfrac{n-3}{n-2} \cdots \dfrac{3}{4} \cdot \dfrac{1}{2} \cdot \dfrac{\pi}{2} (n \text{ 为正偶数}), I_0 = \dfrac{\pi}{2}$

参考文献

[1] 颜文勇,柯善军.高等应用数学[M].北京:高等教育出版社,2008.

[2] 马刚.微积分[M].长春:吉林大学出版社,2011.

[3] 谢国瑞,汪国强.高职高专数学教程[M].北京:高等教育出版社,2002.

[4] 高世贵,王艳天.计算机数学[M].北京:北京大学出版社,2011.

[5] 同济大学数学系.高等数学[M].北京:高等教育出版社,2007.

[6] 张志涌,等.精通 MATLAB[M].北京:北京航空航天大学出版社,2003.

[7] 郑阿奇,曹弋.MATLAB 实用教程[M].北京:电子工业出版社,2012.

[8] 马莉.MATLAB 数学实验与建模[M].北京:清华大学出版社,2010.

[9] 李海涛,邓樱.MATLAB 程序设计教程[M].北京:高等教育出版社,2002.

[10] 陈杰.MATLAB 宝典[M].北京:电子工业出版社,2013.